高等职业教育"互联网+"新形态一体化教材

电机与电气控制技术项目教程

主　编　刘玉娟
副主编　邱利军
参　编　钱鸿雄　张天擎　邹　伟
主　审　黄敦华

机械工业出版社

本书结合编者多年的教学实践经验，在企业工程师的指导下编写而成。本书从实际应用出发，以电动机为驱动装置，低压电器为控制、保护元件，以常用电动机的电气控制电路设计、安装与调试为任务，以"项目导向、任务驱动"方式组织教学内容，体现职业教育"教、学、训、做、评"一体化的课程特色。全书共 6 个项目、19 个典型工作任务，较详细地介绍了异步电动机及其电气控制、直流电动机及其电气控制、常用控制电机应用、变压器运行维护及应用、典型机床的电气控制等。

本书注重安全用电和规范操作，强调实际应用，以培养职业技能和工程应用能力为主线，应用性较强；配有习题库，可自行随机组卷测试，辅助学生通过低压电工技能认证考试；配套有动画和视频等教学资源，可扫描书中二维码观看，实现高效学习。

本书可作为高职院校电气自动化技术、机电一体化技术及其他相关专业的教材，也可作为自学和培训教材供工程技术人员使用。

为方便教学，本书配套PPT课件、电子教案、模拟试卷及答案等资源，选择本书作为授课教材的教师可登录www.cmpedu.com注册并免费下载。

图书在版编目（CIP）数据

电机与电气控制技术项目教程 / 刘玉娟主编 . —北京：机械工业出版社，2023.4（2025.6 重印）

高等职业教育"互联网+"新形态一体化教材

ISBN 978-7-111-72935-8

Ⅰ. ①电… Ⅱ. ①刘… Ⅲ. ①电机学 - 高等职业教育 - 教材 ②电气控制 - 高等职业教育 - 教材　Ⅳ. ① TM3 ② TM571.2

中国国家版本馆 CIP 数据核字（2023）第 056561 号

机械工业出版社（北京市百万庄大街 22 号　邮政编码 100037）

策划编辑：赵红梅　　　　　　责任编辑：赵红梅　王　荣
责任校对：牟丽英　葛晓慧　　封面设计：王　旭
责任印制：单爱军

北京盛通数码印刷有限公司印刷

2025 年 6 月第 1 版第 3 次印刷
210mm×285mm・11 印张・299 千字
标准书号：ISBN 978-7-111-72935-8
定价：39.50 元

电话服务　　　　　　　网络服务
客服电话：010-88361066　机　工　官　网：www.cmpbook.com
　　　　　010-88379833　机　工　官　博：weibo.com/cmp1952
　　　　　010-68326294　金　书　网：www.golden-book.com
封底无防伪标均为盗版　机工教育服务网：www.cmpedu.com

PREFACE

党的二十大报告提出"加快建设国家战略人才力量，努力培养造就更多大师、战略科学家、一流科技领军人才和创新团队、青年科技人才、卓越工程师、大国工匠、高技能人才。"为了落实职业教育培养高素质技能人才的战略规划，本书根据高职高专"电机与电气控制技术"课程教学要求，结合高职高专教育的特点和编者的教学实践经验，参考电工职业资格标准编写而成。

本书以"职业技能和工程应用能力培养"为出发点，采用"项目导向、任务驱动"的理实一体化内容体系，并力求突出以下特点。

1）融职业素养、安全用电和规范操作等思政元素于任务实施过程中，潜移默化地培养学生工匠素养。

2）融理论知识与实践训练于一体，知识点融于项目任务中，轻松实现"做中学，学中做"，更易于理解知识要领，并提高动手能力。

3）融电工基本操作技能于典型控制电路安装调试过程中，充分体现职业教育特色，渗透职业规范、职业标准和创新意识，为实际岗位任务设计和现场操作奠定基础。

4）配套动画和视频等多媒体资源，实现"纸质教材+数字资源"的完美结合，体现"互联网+"新形态一体化教育理念。

全书共6个项目、19个典型工作任务。每个任务采用"学习任务单→任务引入→知识学习→任务实施→任务评价"的逻辑编写体例，任务设计围绕学生技能和工程应用能力培养，按照任务实施的需求组织教学内容，一些任务中适当增设了"任务拓展"环节，使相关知识学习和技能训练更具有针对性和开放性。

本书由北京电子科技职业学院刘玉娟任主编（编写项目2、项目3）、邱利军任副主编（编写项目1、项目6），参加编写的有北京电子科技职业学院钱鸿雄（编写项目4、项目5部分内容）、张天擎（编写项目5部分内容）。全书由刘玉娟统稿，由企业工程师邹伟负责全书技术把关工作，由北京电子科技职业学院黄敦华教授主审。刘玉娟、张天擎和邱利军制作书中配套教学资源。

在本书编写过程中查阅和参考了众多文献资料，在此，编者对所列参考文献中的所有作者表示衷心的感谢。由于编者水平有限，书中难免有不足和疏漏之处，敬请读者批评指正。

编 者

二维码索引

名称	二维码	页码	名称	二维码	页码
三相异步电动机典型结构		3	通电前检测		39
用绝缘电阻表摇测电机的绝缘电阻		12	按钮控制连续与点动运行		42
单方向连续运转控制电路		37	双互锁正反转控制		46
元件的布局		39	自动往返控制		54
主电路接线		39	顺序起动控制		58
控制电路接线1		39	星-三角减压起动控制		67
控制电路接线2		39	电动机能耗制动控制电路		76
接线注意事项		39	直流电动机工作原理		93

目录 CONTENTS

前　　言
二维码索引

项目1　异步电动机的认知 …………………………………………………………… 1
任务1　三相异步电动机部件和原理认识 …………………………………………… 1
任务2　吊扇电动机的拆装 ………………………………………………………… 13
阅读与应用一　单相异步电动机的检测与常见故障维修 ………………………… 19
阅读与应用二　三相异步电动机的检测与常见故障维修 ………………………… 20

项目2　三相异步电动机的电气控制 …………………………………………… 22
任务1　三相异步电动机单方向运转控制 ………………………………………… 22
任务2　三相异步电动机正反转控制 ……………………………………………… 42
任务3　三相异步电动机自动往返控制 …………………………………………… 50
任务4　三相异步电动机顺序控制 ………………………………………………… 56
任务5　三相异步电动机减压起动控制 …………………………………………… 62
任务6　三相异步电动机制动控制 ………………………………………………… 74
任务7　双速异步电动机变极调速控制 …………………………………………… 81
阅读与应用　电气控制电路常见故障与维修 ……………………………………… 87

项目3　直流电动机及其电气控制 ……………………………………………… 89
任务1　直流电动机的部件和原理认识 …………………………………………… 89
任务2　直流电动机的电气控制 …………………………………………………… 97
阅读与应用　直流电动机的常见故障与维修 …………………………………… 102

项目4　常用控制电机应用 ………………………………………………………… 103
任务1　伺服电动机的应用 ………………………………………………………… 104
任务2　步进电动机的应用 ………………………………………………………… 111
阅读与应用一　伺服电动机常见故障及排除 …………………………………… 118
阅读与应用二　步进电动机常见故障及排除 …………………………………… 119
阅读与应用三　500V无人机电动机实现国内首创 ……………………………… 120

项目5　变压器运行维护及应用 ………………………………………………… 121
任务1　单相变压器运行维护 ……………………………………………………… 121

任务2　三相变压器运行维护……128
任务3　变压器的应用……133
阅读与应用一　小型变压器的常见故障及排除……138
阅读与应用二　三相变压器的常见故障及排除……138
阅读与应用三　特高压……140

项目6　典型机床的电气控制……141

任务1　CA6140型车床的电气控制……141
阅读与应用一　CA6140型车床电气常见故障与检修……148
任务2　X62W型卧式万能铣床的电气控制……150
任务3　Z3040型摇臂钻床的电气控制……160
阅读与应用二　常用机床电气控制线路故障检修方法……168

参考文献……170

项目 1 异步电动机的认知

项目概述

电动机（Motor）是把电能转换成机械能进而拖动生产机械的驱动设备。电动机按使用电源不同分为直流电动机和交流电动机，电力系统中的电动机大部分是交流电动机。交流电动机又有同步电动机和异步电动机之分。异步电动机按相数不同，可分为三相异步电动机和单相异步电动机；按转子结构不同，可分为笼型异步电动机和绕线转子异步电动机。其中笼型异步电动机因结构简单、制造方便、价格便宜及运行可靠，在各种电动机中应用最为广泛。

本项目以两个任务为载体，通过摇测电动机绝缘、识别电动机铭牌、吊扇电动机拆装等训练，熟悉异步电动机的基本结构、工作原理、铭牌参数含义及选用方法，并能进行常见故障的检测和排除。

学习目标

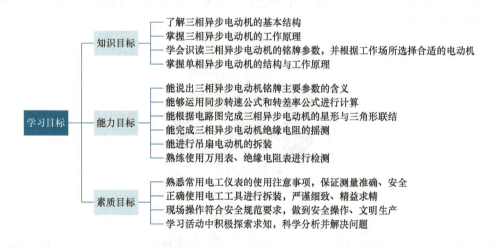

任务 1 三相异步电动机部件和原理认识

学习任务单

"三相异步电动机部件和原理认识"学习任务单见表 1-1。

表1-1 "三相异步电动机部件和原理认识"学习任务单

项目1	异步电动机的认知	学时	
任务1	三相异步电动机部件和原理认识	学时	
任务描述	熟悉三相异步电动机各主要部件及作用，了解三相异步电动机的工作原理，为后续学习电气控制做好铺垫。通过识别电动机的铭牌，了解其参数的意义及选用原则；通过使用绝缘电阻表摇测电动机定子绕组绝缘，判断电动机能否投入运行		
任务流程	分析三相异步电动机的基本结构→熟悉各主要部件的功能→了解三相异步电动机的工作原理→识别电动机的铭牌→摇测电动机定子绕组绝缘→验收评价		

任务引入

三相异步电动机在工农业生产生活中应用最为广泛。在工业方面，它被广泛用于拖动各种机床、风机、水泵、压缩机、搅拌机和起重机等生产机械；在农业方面，它被广泛用于拖动排灌机械及脱粒机、碾米机、榨油机和粉碎机等各种农副产品加工机械。因此，熟悉其部件功能及工作原理，对于使用和维护电动机非常必要。

知识学习

一、三相异步电动机的结构

三相异步电动机的结构主要由定子和转子两大部分组成，如果是封闭式电动机，则还有起冷却作用的风扇及保护风扇的风罩，小型笼型三相异步电动机的外形示例如图1-1所示；其典型结构如图1-2所示。

图1-1 小型笼型三相异步电动机的外形示例

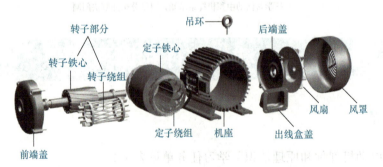

图1-2 小型笼型三相异步电动机的典型结构

项目1 异步电动机的认知

1. 定子（静止部分）

定子部分包括定子绕组、定子铁心和机座（机壳）。中小型三相异步电动机的机座和端盖多采用铸铁制造，如果是封闭式电动机，外壳的表面铸有散热片，用来散发电动机工作时内部产生的热量。

扫码观看动画演示：三相异步电动机典型结构

（1）定子绕组　定子三相绕组是异步电动机的电路部分，通入三相交流电，产生旋转磁场；定子三相绕组在异步电动机的运行中起着很重要的作用，是把电能转换为机械能的关键部件；定子三相绕组的结构是对称的，由3个在空间互隔120°电角度、对称排列的结构完全相同的绕组连接而成，这些绕组的各个线圈按一定规律分别嵌放在定子各槽内。

电动机接线盒内都有一块接线板，三相绕组的6个线端排成上下两排，并规定下排3个接线柱自左至右排列的编号为1（U1）、2（V1）、3（W1），上排3个接线柱自左至右排列的编号为6（W2）、5（U2）、4（V2），根据需要接成星形（Y）或三角形（△），定子三相绕组的接线如图1-3所示。

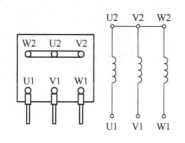

a)

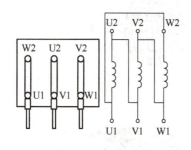

b)

图1-3　定子三相绕组的接线

a）星形（Y）联结　b）三角形（△）联结

（2）定子铁心　定子铁心是异步电动机磁路的一部分，在其上放置定子绕组；由于主磁场以同步转速相对定子旋转，为减小在铁心中引起的损耗，定子铁心一般由0.35～0.5mm厚、表面具有绝缘层的高导磁硅钢片冲制、叠压而成；在铁心的内圆冲有均匀分布的槽，用以嵌放定子绕组，定子铁心及定子铁心冲片如图1-4所示。

定子铁心槽型有以下几种：

1）半闭口型槽：电动机的效率和功率因数较高，但绕组嵌线和绝缘都较困难。一般用于小型低压电动机中。

2）半开口型槽：可嵌放成型绕组，一般用于大型、中型低压电动机。成型绕组即绕组可事先经过绝缘处理后再放入槽内。

3）开口型槽：用以嵌放成型绕组，绝缘方法方便，主要用在高压电动机中。

（3）机座　机座又称机壳，其作用是固定定子铁心和定子绕组。机座两端的两个端盖支撑转子轴；机座同时也承受整个电动机负载运行时产生的反作用力，运行时由于内部损耗所产生的热量也是通过机座向外散发。中小型电动机的机座一般采用铸铁制成。大型电动机因机身较大浇铸不便，常用钢板焊接成型。封闭式电动机的机座外面有散热筋以增加散热面积，防护式电动机的机座两端端盖开有通风孔，使电动机内外的空气可直接对流，以利于散热。

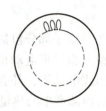

图 1-4　定子铁心及定子铁心冲片

2. 转子（旋转部分）

转子部分由转子绕组、转子铁心和转轴组成。

（1）转子绕组　转子绕组是异步电动机电路的另一部分，其作用为切割定子磁场，产生感应电动势和电流，并在磁场作用下受力而使转子转动。其结构可分为笼型转子绕组和绕线转子绕组两种类型。这两种转子各自的主要特点：笼型转子结构简单、制造方便且经济耐用；绕线转子结构复杂、价格贵，但转子回路可引入外加电阻来改善起动和调速性能。

1）笼型转子绕组：转子绕组由插入转子槽中的多根导条和两个环形的端环组成。若去掉转子铁心，整个绕组的外形像一个鼠笼，故称笼型绕组，如图 1-5a 所示。小型笼型电动机采用铸铝转子绕组，为节约用铜和提高生产率，小功率异步电动机的导条和端环一般都是熔化的铝液一次浇铸出来的，如图 1-5b 所示。

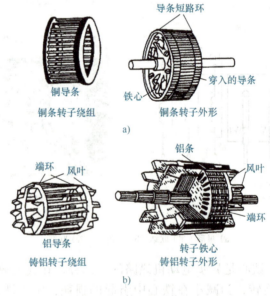

图 1-5　笼型转子绕组
a）铜条式　b）铸铝式

2）绕线转子绕组：绕线转子绕组与定子绕组相似，也是一个对称的三相绕组，一般接成星形，3 个末端连接在一起，3 个出线头接到转轴的 3 个集电环上，再通过电刷与外电路变阻器连接，如图 1-6 所示。

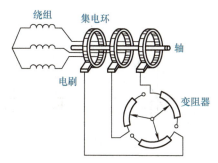

图1-6 绕线转子绕组与外电路变阻器的连接

绕线转子电动机结构较复杂,维护工作量大,故绕线转子电动机的应用不如笼型转子电动机广泛。但通过集电环和电刷在转子绕组回路中串入附加电阻等元件,可以改善异步电动机的起动、制动性能及调速性能,在要求一定范围内进行平滑调速的设备(如吊车、电梯和空气压缩机等)上面采用。

(2)转子铁心　转子铁心是由铁心冲片叠压而成,也是电动机磁路的组成部分。

(3)转轴　转轴一般由中碳钢制成,它的作用主要是支撑转子,传递转矩,并保证定子与转子之间具有均匀的气隙。

(4)端盖及其他附件　在中小型异步电动机中,有铸铁制成的端盖,内装滚动轴承,用以支撑转子,并保证定子与转子间有均匀的气隙。为了减少电动机磁路的磁阻,从而减少励磁电流,提高功率因数,应使气隙尽可能得小,但也不能太小。对于中小型异步电动机来说,其气隙一般为0.2~2mm。气隙越大,磁阻越大,要产生同样大小的磁场,就需要较大的励磁电流。由于气隙的存在,异步电动机的磁路磁阻远比变压器大,因而异步电动机的励磁电流也比变压器大得多。变压器的励磁电流约为额定电流的3%,异步电动机的励磁电流约为额定电流的30%,最大可为80%。

为使轴承中的润滑脂不外溢和不受污染,在前后轴承处一般设有内外轴承盖。封闭式电动机后端盖外,还装有风扇和外风罩。当风扇随转子旋转时,风从风罩上的进风孔进入,再经散热筋片吹出,以加强冷却作用。

二、三相异步电动机的工作原理

三相异步电动机是利用定子三相对称绕组中通入三相对称交流电所产生的旋转磁场与转子绕组内感应的电流相互作用而旋转的。

(一)旋转磁场

1. 旋转磁场的产生

如图1-7所示是最简单的两极三相异步电动机定子绕组空间分布,三相绕组U1U2、V1V2、W1W2在空间按互差120°的规律对称排列,将其尾端U2、V2、W2接成星形,首端U1、V1、W1与三相电源L1、L2、L3相连。随着三相电源的接通,三相定子绕组中将会有三相对称电流流过。下面分析三相对称交流电流在铁心内部空间产生的合成磁场,如图1-8所示。

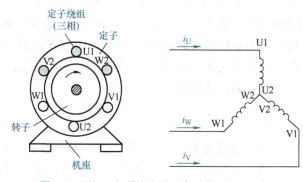

图1-7 两极三相异步电动机定子绕组空间分布

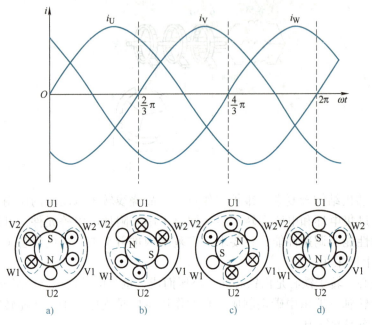

图1-8 旋转磁场的产生

当 $\omega t=0$ 时，$i_U=0$，U1U2绕组中无电流；i_V 为负，V1V2绕组中的电流从V2流入V1后流出；i_W 为正，W1W2绕组中的电流从W1流入W2后流出；由右手螺旋定则可得合成磁场的方向如图1-8a所示。

当 $\omega t=2\pi/3$ 时，$i_V=0$，V1V2绕组中无电流；i_U 为正，U1U2绕组中的电流从U1流入U2后流出；i_W 为负，W1W2绕组中的电流从W2流入W1后流出；由右手螺旋定则可得合成磁场的方向如图1-8b所示。

当 $\omega t=4\pi/3$ 时，$i_W=0$，W1W2绕组中无电流；i_U 为负，U1U2绕组中的电流从U2流入U1后流出；i_V 为正，V1V2绕组中的电流从V1流入V2后流出；由右手螺旋定则可得合成磁场的方向如图1-8c所示。

当 $\omega t=2\pi$ 时，电流的流向和 $\omega t=0$ 时完全一致，合成磁场的方向如图1-8d所示。可见，当定子绕组中的电流变化1个周期时，合成磁场也按电流的相序方向在空间旋转1周。随着定子绕组中的三相电流不断地周期性变化，产生的合成磁场也不断地旋转，因此称为旋转磁场。

上述电动机定子绕组每相只有1个线圈，在空间互差120°，分别置于定子铁心的6个槽中。当通入三相对称电流时，产生的旋转磁场相当于1对N、S极在旋转。若每相绕组由两个线圈串联而成，则定子铁心槽数应为12个槽，每个线圈在空间相隔60°，四极电动机定子绕组结构和接线如图1-9所示。U相由U1U2与U1′U2′串联组成，V相由V1V2与V1′V2′串联组成，W相由W1W2与W1′W2′串联组成。同一相中的两个绕组首端在空间上相隔180°，不同相绕组的首端（如U1、V1、W1端）在空间相隔60°，当通入三相对称交流电时，可产生具有两对磁极的旋转磁场，如图1-10所示。其分析过程同上，在此不做赘述。由图中可以看出，当正弦交流电变化1个周期时，合成磁场在空间只旋转了180°，由此可见旋转磁场的磁极对数越多，其旋转磁场转速越低。

2. 磁极对数 p 与旋转磁场转速 n_0

（1）磁极对数 p　旋转磁场的磁极对数和三相绕组的安排有关，1对磁极包含N、S两极。

当每相绕组只有1个线圈，绕组的首端之间相差120°空间角时，产生的旋转磁场具有1对磁极，即 $p=1$。

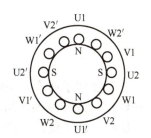 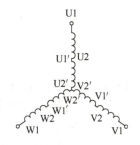

图1-9 四极电动机定子绕组结构和接线

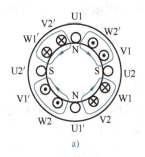 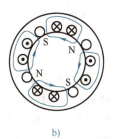  

a)　　　　　　　　b)　　　　　　　　c)　　　　　　　　d)

图1-10 四极电动机旋转磁场

a) $\omega t=0$　b) $\omega t=2\pi/3$　c) $\omega t=4\pi/3$　d) $\omega t=2\pi$

当每相绕组为2个线圈串联，绕组的首端之间相差60°空间角时，产生的旋转磁场具有2对磁极，即 $p=2$。

同理，要产生3对磁极，即 $p=3$ 的旋转磁场，则每相绕组必须有均匀安排在空间的串联的3个线圈，绕组的首端之间相差40°空间角。磁极对数 p 与绕组的首端之间的空间角 θ 的关系为 $\theta=120°/p$。

（2）旋转磁场转速 n_0　三相异步电动机旋转磁场的转速与磁极对数 p 有关。通常转速是以每分钟的转数来表示的，所以旋转磁场转速的计算公式为

$$n_0=60f_1/p \tag{1-1}$$

式中，n_0 为旋转磁场的转速，又称为同步转速（r/min）；f_1 为定子绕组中的电流频率（Hz）；p 为磁极对数。对某一异步电动机而言，f_1 和 p 通常是一定的，所以同步转速 n_0 是一个常数。

在我国，工频 $f_1=50$Hz，对应于不同磁极对数 p 的同步转速 n_0 见表1-2。

表1-2 不同磁极对数 p 的同步转速 n_0

磁极对数 p	1	2	3	4	5	6
同步转速 n_0/r·min^{-1}	3000	1500	1000	750	600	500

3. 旋转磁场的方向

旋转磁场的方向是由三相绕组中电流相序决定的，若想改变旋转磁场的方向，只要改变通入定子绕组的电流相序，即将3根电源线中的任意两根对调即可。当电流的相序为U—V—W时，旋转磁场的转向为顺时针；如果将三相电源中的任意两相对调，如调换U相与W相，则电流的相序变为W—V—U，此时旋转磁场的转向就为逆时针。

（二）转子的转动

1. 转子的转动原理

当定子绕组通入对称的三相交流电时，就能在气隙和转子所在的空间产生旋转磁场。假设旋转磁场以 n_0 的速度顺时针旋转，则静止的转子绕组与旋转磁场之间就有了相对运动，这相当于磁场静止而转子绕组逆时针切割磁场运动，从而在转子绕组中产生了感应电动势，其方向可以用右手定则来确定。由于转子导体是闭合回路，所以在感应电动势的作用下产生了转子电流，带有转子电流的转子导体处于磁场之中，又与磁场相互作用，必将受到电磁力的作用，从而形成电磁转矩。转子导体所受电磁力的方向可以由左手定则来确定。电磁转矩的方向与旋转磁场的方向一致，这样转子就以一定的速度沿旋转磁场的方向转动起来。

2. 转子的转速 n 与转差率 s

由以上分析可知，电动机转子转动方向与磁场旋转的方向相同，但转子的转速 n 不可能达到与旋转磁场的转速 n_0 相等，否则转子与旋转磁场之间就没有相对运动，磁力线不切割转子导体，转子电动势、转子电流以及转矩也就都不存在。也就是说，旋转磁场与转子之间存在转速差，即 $n<n_0$，通常把这种电动机称为异步电动机，又因为这种电动机的转动原理是建立在电磁感应基础上的，故又称为感应电动机。

通常用转差率 s 来表示转子转速 n 与同步转速 n_0 的相差程度，即

$$s = \frac{n_0 - n}{n_0} = \frac{\Delta n}{n_0} \tag{1-2}$$

转差率是异步电动机的一个重要物理量。当旋转磁场以同步转速 n_0 开始旋转时，转子则因机械惯性尚未转动，转子的瞬间转速为 0，这时转差率 $s=1$。转子转动起来之后，$n>0$，(n_0-n) 差值减小，电动机的转差率 $s<1$。如果转轴上的阻转矩加大，则转子转速 n 降低，即异步程度加大，才能产生足够大的感应电动势和电流，产生足够大的电磁转矩，这时的转差率 s 增大。反之，s 减小。异步电动机运行时，转速与同步转速一般很接近，转差率很小。在起动瞬间和堵转状态下，$n=0$，$s=1$，转差率最大；空载时 n 接近 n_0，转差率 s 很小，一般在 0.01 以下；普通异步电动机在额定工作状态下其额定转差率为 0.01～0.05 之间。

根据式（1-2），可以得到异步电动机的转速常用公式：

$$n = (1-s)n_0 = 60f_1(1-s)/p \tag{1-3}$$

例：有一台三相异步电动机，其额定转速 $n=975\text{r/min}$，电源频率 $f_1=50\text{Hz}$，求电动机的磁极对数 p 和额定负载时的转差率 s。

解：由于电动机的额定转速接近而略小于同步转速，而同步转速对应于不同的磁极对数有一系列固定的数值。显然，与 975r/min 最相近的同步转速 $n_0=1000\text{r/min}$，与此相应的磁极对数 $p=3$。因此，额定负载时的转差率为

$$s = (n_0-n)/n_0 = (1000-975)\text{r}\cdot\text{min}^{-1}/1000\text{r}\cdot\text{min}^{-1} = 0.025$$

三、三相异步电动机的铭牌参数

每台三相异步电动机的机座上都装有一块铭牌，它标注了电动机的型号、额定值和额定

运行情况下的有关技术数据，为用户选择、使用和维修电动机提供了重要依据。按铭牌上所规定的额定值和工作条件运行，称为额定运行。

下面以我国用量较大的 Y 系列电动机铭牌为例进行介绍。某三相异步电动机（该型号电动机因不符合相关国家标准，已淘汰，本书中仅作为示例介绍电动机相关知识，后文不再一一说明）的铭牌参数如图 1-11 所示。

三相异步电动机			
型号	Y112M-4	额定频率	50Hz
额定功率	4kW	绝缘等级	B级
接法	△	温升	80K
额定电压	380V	工作制	连续(S1)
额定电流	8.8A	功率因数	0.82
额定转速	1440r/min	防护等级	IP44
出厂日期	年 月	产品编号	××电机厂

图 1-11 三相异步电动机的铭牌参数

（1）型号

（2）额定功率 P_N　电动机按铭牌所给条件运行时，轴端所能输出的机械功率，单位为千瓦（kW）。

对于三相异步电动机，其额定功率为

$$P_N = \sqrt{3} U_N I_N \cos\varphi_N \eta_N = P_1 \eta_N \tag{1-4}$$

式中，η_N 为电动机的额定效率；$\cos\varphi_N$ 为电动机的额定功率因数；P_1 为电动机输入的电功率。

（3）额定电压 U_N　电动机在额定运行状态下加在定子绕组上的线电压，单位为伏（V）。

（4）额定电流 I_N　电动机在额定电压和额定频率下运行，输出功率达到额定值时，电网注入定子绕组的线电流，单位为安（A）。

（5）额定频率　指电动机所用电源的频率，我国采用工频 50Hz。

（6）额定转速 n_N　指三相交流电动机在额定电压、额定频率下，电动机转子轴上输出额定功率时的转子转速。

（7）功率因数　指电动机从电网所吸收的有功功率与视在功率的比值。视在功率一定时，功率因数越高，有功功率越大，电动机对电能的利用率也越高。

（8）接法　指电动机三相绕组 6 个线端的连接方法，有星形（丫）联结和三角形（△）联结两种。

（9）工作制　常用的电动机工作制分连续、短时和断续 3 种。连续是指电动机连续不断地输出额定功率而温升不超过铭牌允许值。短时表示电动机不能连续使用，只能在规定的较短时间内输出额定功率。断续表示电动机只能短时输出额定功率，但可以断续重复起动和运行。

（10）温升　电动机运行中，部分电能转换成热能，使电动机温度升高，经过一定时间，电能转换的热能与机身散发的热能平衡，机身温度达到稳定。在稳定状态下，电动机温度与环境温度之差，叫作电动机温升。

（11）绝缘等级　指电动机绕组所用绝缘材料按其允许耐热程度规定的等级，这些级别为：130（B）级，130℃；155（F）级，155℃；180（H）级，180℃；200（N）级，200℃。

（12）防护等级　电动机外壳防护等级的标志方法是以字母 IP 和后面的两位数字来表示的。IP 是国际防护的英文单词缩写。根据国标 GB/T 4942—2021《旋转电机整体结构的防护等级（IP 代码）分级》，IP 后面的第 1 位数字代表第 1 种防护形式（防固体）的等级，分为 0～6 共 7 个等级。第 2 位数字代表第 2 种防护形式（防水）的等级，分为 0～9 共 10 个等级。数字越大，表示防护能力越强。防固体等级说明见表 1-3，防水等级说明见表 1-4。

表 1-3　防固体等级说明

防护等级	简述	含义
0	无防护电动机	无专门防护
1	防护大于 50mm 的固体	能防止大面积的人体（如手）偶然或意外地触及、接近壳内带电或转动部件（但不能防止故意接触） 能防止直径大于 50mm 的固体异物进入壳内
2	防护大于 12mm 的固体	能防止手指或长度不超过 80mm 的类似物体触及或接近壳内带电或转动部件 能防止直径大于 12mm 的固体异物进入壳内
3	防护大于 2.5mm 固体	能防止直径大于 2.5mm 的工具或导线触及或接近壳内带电或转动部件 能防止直径大于 2.5mm 的固体异物进入壳内
4	防护大于 1.0mm 的固体	能防止直径或厚度大于 1mm 的导线或片条触及或接近壳内带电或转动部件 能防止直径大于 1mm 的固体异物进入壳内
5	防尘电动机	能防止触及或接近壳内带电或转动部件 虽不能完全防止灰尘进入，但进尘量不足以影响电动机的正常运行
6	尘密电动机	完全防止尘埃进入

表 1-4　防水等级说明

防护等级	简述	含义
0	无防护电动机	无专门防护
1	防滴电动机	垂直滴水应无有害影响
2	15°防滴电动机	当电动机从正常位置向任何方向倾斜至 15° 以内任一角度时，垂直滴水应无有害影响
3	防淋水电动机	与铅垂线成 60° 范围内的淋水应无有害影响
4	防溅水电动机	承受任何方向的溅水应无有害影响
5	防喷水电动机	承受任何方向的喷水应无有害影响
6	防海浪电动机	承受猛烈的海浪冲击或强烈喷水时，电动机的进水量应不达到有害的程度
7	防浸水电动机	当电动机浸入规定压力的水中经规定时间后，电动机的进水量应不达到有害的程度
8	持续潜水电动机	电动机在制造厂规定的条件下能长期潜水
9	耐高温高压喷水电动机	当高温高压水流从任意方向喷射在电动机外壳时，应无有害影响

任务实施

一、识读三相异步电动机铭牌

识读如图 1-12 所示的三相异步电动机铭牌,解释铭牌参数的意义。

三相异步电动机					
型号	Y90L-4	电压	380V	接法	Y
容量	1.5kW	电流	3.7A	工作制	连续(S1)
转速	1400r/min	功率因数	0.79	防护等级	IP44
频率	50Hz	绝缘等级	130(B)	出厂日期	×年×月
××电机厂		产品编号		质量	20kg

图 1-12 三相异步电动机铭牌

(1) 型号 Y90L-4 的含义为

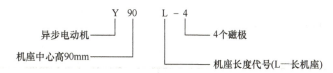

(2) 容量 额定功率 P_N,电动机轴上输出额定功率为 1.5kW。
(3) 电压 额定电压 U_N,线间电压为 380V。
(4) 电流 额定电流 I_N,电动机加 380V 额定电压、输出额定功率 1.5kW 时,流入定子绕组中的线电流为 3.7A。
(5) 转速 额定转速 n_N,电动机在额定运行状态下运行时,转子转速 n_N 达到 1400r/min。
(6) 频率 额定频率 f_N,为工频 50Hz。
(7) 功率因数 额定功率因数 $\cos\varphi_N$,电动机在额定运行状态下运行时功率因数为 0.79。
(8) 接法 电动机定子三相绕组连接方法为 Y 联结。
(9) 绝缘等级 绝缘等级为 130(B)级,所允许的最高工作温度为 130℃。

二、摇测三相异步电动机绝缘性能

三相异步电动机定子绕组的绝缘包括相对地绝缘和相间绝缘两种,使用绝缘电阻表摇测三相异步电动机定子绕组绝缘电阻,保证绕组的各导电部分与铁心间的可靠绝缘以及绕组之间的可靠绝缘。以使用手摇发电式绝缘电阻表为例,摇测三相异步电动机绝缘可以按照以下步骤进行:

(1) 选表 首先要正确选择绝缘电阻表。摇测运行异常的电动机,选用 500V 的绝缘电阻表,合格标准为绝缘电阻值不小于 0.5MΩ;对于新投入运行的电动机,选用 1000V 的绝缘电阻表,合格标准为绝缘电阻值不小于 1MΩ。
(2) 查表 检查绝缘电阻表的外观、接线,确认完好无破损。
(3) 验表 绝缘电阻表在使用前要进行一次开路和短路试验,检查绝缘电阻表是否良好。绝缘电阻表有"L""E""G"3 个接线端,在进行一般测量时,只要把被测电阻接在"L"和"E"之间即可。短路试验是把 E、L 线短接,缓慢摇动手柄,指针应迅速指向"0"位。开路试验是把 E、L 线分开,摇动手柄逐渐加速至指针指向无穷大。
(4) 断电 测试前要先切断电源,以确保人身和设备安全,被测设备表面要处理干净。

在电源断开处用验电笔验明三相无电压，悬挂"禁止合闸，有人工作"的安全指示牌。

（5）摇测绕组对外壳绝缘　测量前先进行绕组对地放电，拆除电源线，不拆短路片，摇测三相绕组对外壳绝缘。L端待接绕组，E端接电动机外壳，先摇至120r/min，再搭L线，表针稳定后读数，先撤L线再停摇表，测量完毕后对地放电。

（6）摇测绕组相间绝缘　首先拆除短路片，L、E分接不同相绕组，先摇至120r/min，再搭接L线，表针稳定后读数，先撤L线再停摇表，测量完毕后对地放电。L、E换接到其余相，重复以上过程。

扫码观看动画演示：
用绝缘电阻表摇测
电机的绝缘电阻

安全操作提示：
1）正确选表，充分检查。
2）摇测前必须切断电源。
3）大容量电动机拆除电源线之前、摇测后均应对地放电。

任务评价

任务评价表见表1-5。

表1-5　任务评价表

序号	评价内容	考核要求	评分标准	配分	评分
1	铭牌识读	能正确解释铭牌中各个参数的意义	错误识读1处扣2分	20	
2	安全操作	断开电源，验明无电后，拆除电动机电源线	未断开电源扣5分	20	
			未验电扣5分		
			未拆除电动机电源线并对电动机绕组对地放电扣10分		
3	绝缘电阻表选用	新电动机选择1000V绝缘电阻表、旧电动机选择500V绝缘电阻表	未按要求选择绝缘电阻表扣10分	10	
4	绝缘电阻表检查	开路试验为"∞"短路试验为"0"	未按要求做开路试验扣5分	10	
			未按要求做短路试验扣5分		
5	对地绝缘	合格值：新电动机≥1MΩ；旧电动机≥0.5 MΩ	不能正确判断合格标准扣10分	10	
6	相间绝缘	合格值：新电动机≥1MΩ；旧电动机≥0.5 MΩ	不能正确判断合格标准扣10分	10	
7	规范要求	着装符合工装要求，使用工具符合规范要求，工作完成后，工作台面干净整齐	着装不符合要求扣5分	20	
			使用工具不符合规范要求扣5分		
			工作完成后，工作台面不干净整齐扣10分		

项目1 异步电动机的认知

任务 2　吊扇电动机的拆装

▶ 学习任务单

"吊扇电动机的拆装"学习任务单见表1-6。

表1-6　"吊扇电动机的拆装"学习任务单

项目1	异步电动机的认知	学时	
任务2	吊扇电动机的拆装	学时	
任务描述	通过完成吊扇电动机的拆卸与装配任务,熟悉单相异步电动机的基本结构,了解单相异步电动机的基本原理及特点、用途、分类;根据单相异步电动机铭牌能说出其主要参数数据的含义		
任务流程	分析单相异步电动机的基本结构→掌握各主要部件的作用及工作原理→完成吊扇电动机的拆卸与装配→验收评价		

▶ 任务引入

工农业生产中广泛使用三相异步电动机,而家庭里因供电是单相交流电,所需电动机功率较小,通常选用单相异步电动机。单相异步电动机为小功率电动机,其容量从几瓦到几百瓦,凡是有220V单相交流电源的地方均能使用。它结构简单、成本低廉、噪声小且移动安装方便,广泛应用于工业、农业、医疗和办公场所中,并大量应用于生活中,如电风扇、洗衣机、电冰箱、空调器、鼓风机和吸尘器等家用电器的动力机。图1-13为常用单相异步电动机产品实物图。

电容运转单相电动机　　电风扇电动机　　制冷压缩机　　全自动洗衣机电动机　　洗衣机用脱水电动机

图1-13　常用单相异步电动机产品实物图

单相异步电动机按其定子结构和起动机构的不同,可分为电阻分相式、电容分相式、罩极式和串励式等几种类型。本任务以吊扇电动机拆装为例,了解单相异步电动机分类、构造和特点,掌握单相异步电动机的维修技能。

▶ 知识学习

一、单相异步电动机结构及工作原理

单相异步电动机使用单相交流电作为供电电源,单相异步电动机的结构与三相异步电动机的结构相似,也包括定子和转子两大部分,除串励式外,其转子采用笼型结构,定子有凸极式和隐极式两种,实际上隐极式居多。定子铁心由硅钢片叠压而成,上嵌有定子绕组。

— 13 —

图 1-14 为吊扇电动机结构示意图。

单相异步电动机的定子只有一个单相绕组,定子绕组通入单相交流电后产生的是一个脉动磁场,其大小及方向随时间沿定子绕组轴线方向变化。定子电流产生的脉动磁场在转子绕组内引起的感应电动势及电流(电磁力及转子电流)如图 1-15 所示(图示为脉动磁场增加时转子绕组内感应电流情况)。

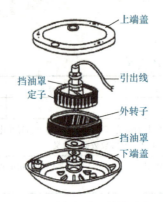
图 1-14 吊扇电动机结构示意图

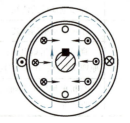
图 1-15 单相异步电动机起动时的电磁力及转子电流

由于磁场与转子电流相互作用在转子上产生的电磁转矩相互抵消,所以单相异步电动机起动时转子上作用的电磁转矩为零,单相异步电动机没有起动转矩,不能自动起动。

为了起动单相异步电动机,可以在起动时用外力推动转子或让电动机内部产生一个旋转磁场,这时单相异步电动机才能够继续沿着被推动的方向旋转,并可以带动机械负载工作。

二、单相异步电动机的起动

为了使单相异步电动机在起动时能产生起动转矩,在单相异步电动机内采用一些辅助设施使电动机在起动时出现起动转矩。常用的方法有分相起动法和罩极法。容量较大或要求起动转矩较高的异步电动机常采用分相起动法。

1. 电容分相式单相异步电动机

电容分相式单相异步电动机在定子上除放置原有的绕组(称为工作绕组)L1 外,还增加一个起动绕组 L2,电容分相起动如图 1-16 所示,两个绕组的轴线在空间相差 90°。起动绕组串入一个电容器,起动绕组中的电流领先电压一个相位角。若电容数值选配合适可以使起动绕组电流与工作绕组电流有接近 90° 的相位差。这样的两个电流产生的合成磁场是一个旋转磁场,其分析过程如下。

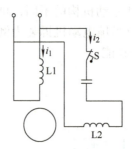
图 1-16 电容分相起动

假设工作绕组电流 $i_1=I_m\sin(\omega t)$,则起动绕组电流为 $i_2=I_m\sin(\omega t+90°)$,单位为 A。这两个电流通入如图 1-16 所示单相异步电动机绕组内之后,产生的合成磁场为旋转磁场,如

图 1-17 所示。在这个旋转磁场的作用下，转子上产生电磁转矩，单相异步电动机可以起动。

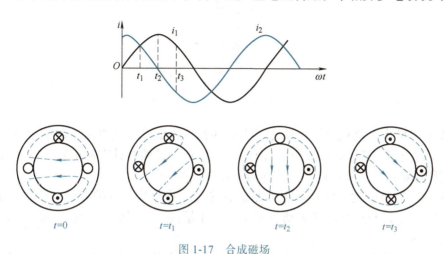

图 1-17　合成磁场

电容分相式单相异步电动机起动后，当转子的转速达到一定数值（一般达到 80% 左右同步转速），起动绕组的开关 S 自动将起动绕组与电源断开，这时只有工作绕组通电，电动机在脉动磁场的作用下继续运转。

图 1-18 为电容分相式单相异步电动机起动后，仅将与起动绕组串联的电容器（起动电容 C_1）断开一部分，起动绕组和串联的部分电容（工作电容 C_2）继续接在电路中，这种电动机运行时有较大的转矩而且功率因数较高，称为双值电容分相单相异步电动机。

2. 电阻分相式单相异步电动机

电阻分相式单相异步电动机仿照电容起动原理，但不用电容器，而是将工作绕组的电阻做得小些，但电感较大；起动绕组采用较细的导线绕制，与工作绕组的电阻值不相等，其电阻较大、但电感较小。起动绕组通过开关 S 与工作绕组并接在同一个单相电源上，电阻分相起动如图 1-19 所示。工作绕组与起动绕组中的电流也具有一定的相位差，这种电动机在起动时也可以产生一个旋转磁场，使电动机起动。但是它的起动转矩要比电容分相式单相异步电动机的起动转矩小些。

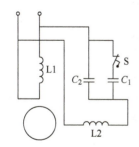
图 1-18　电容分相运转单相异步电动机

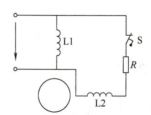
图 1-19　电阻分相起动

3. 罩极式单相异步电动机

罩极式单相异步电动机是在单相异步电动机的定子磁极的极面上套装一个铜环，如图 1-20 所示。单相异步电动机的磁极上放置铜环后可以产生起动转矩的原理与交流电磁铁的分磁环原理相似，感应生成的磁场与没有套环的部分磁极中的磁通存在相位差，这样便形成了移动磁场。

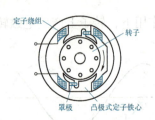

图 1-20 罩极式单相异步电动机

罩极式单相异步电动机磁场移动方向由铜环在罩极上的位置决定。由于套铜环部分极面下的磁通滞后于未套铜环部分的磁通，因而电动机转子是顺时针方向旋转的。罩极式单相异步电动机铜环置定后，电动机的转动方向是不能改变的。

罩极式单相异步电动机构造简单、制造容易、工作可靠、维护方便和价格低廉等优点，但起动转矩比较小，并且铜环在电动机工作时有能量损失，因而这种电动机效率较低，制造的容量也比较小。

罩极式单相异步电动机广泛应用于对起动转矩要求不高的设备中，如风扇、吹风机及电子仪器的通风设备中。

三、三相异步电动机的单相运行

正在运行的三相异步电动机，当三相电源线中有一相断开后，将变成两相电源供电，三相异步电动机相当于单相运行。

如图 1-21 所示，三相异步电动机 U 相电源断开后，三相异步电动机定子的 V1—V2 相绕组与 W1—W2 相绕组成为串联，连接在线电压 U_{VW} 上，这两相绕组通入的是同一个电流，电动机内部旋转磁场变成了脉动磁场。在这种情况下，如果电动机负载不变，势必造成定子电流的剧增，长时间单相运行将会烧毁绕组。

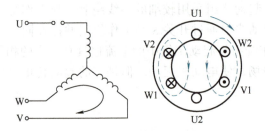

图 1-21 三相异步电动机的单相运行

▶▶ 任务实施

一、吊扇电动机的拆卸

1. 拆卸前的准备

拆卸前应查看说明书，了解吊扇的基本构造、电动机的型号和主要参数、调速方式、电容器规格等，牢记拆卸步骤，电动机的零部件要集中放置，保证电动机各零部件完好。

2. 拆卸吊扇

拆卸吊扇前应切断交流电源，然后拆下风扇叶，取下吊扇，拆除起动电容器、接线端子及风扇电动机以外的其他附件。此时，必须记录下起动电容器的接线方法及电源接线方法。

3. 吊扇电动机的拆卸步骤

拆卸吊扇电动机应按以下步骤进行：拆除上下端盖之间的紧固螺钉（拆卸时，应按照对角交替顺序分步旋松螺钉）；取出上端盖；取出定子铁心和定子绕组组件；使外转子与下端盖脱离；取出滚动轴承。

4. 检查电容器的好坏

电容分相式单相异步电动机中的电容器可分为起动电容器及运行电容器（工作电容）。起动电容器只在电动机起动时接入，起动完毕即从电源上切除。为产生足够大的起动转矩，电容器的电容量一般较大，约几十到几百微法，通常采用价格较便宜的无极性电解电容器。运行电容器长期接在电源上参与电动机的运行，其容量较小，一般为油浸金属箔型或金属化薄膜型电容器。由于该电容器长期参与运行，因此电容器容量的大小及质量的好坏对电动机的起动性能、功率损耗及调速性能等都有较大的影响，需要更换电容器时，必须注意尽量保持原规格。

电容器好坏的检查及电容量的测定通常有以下几种方法：

（1）万用表法　这是最常用的一种方法，将万用表的转换开关置于欧姆挡"×10kΩ"或"×1kΩ"，把黑表笔接电容器的正极性端，红表笔接电容器另一端（无极性电容器可任意接），观察表针摆动情况，即可大体上判定电容器的好坏：

①指针先很快摆向0Ω处，以后再慢慢返回到数百千欧位置后停止不动，则说明该电容器完好。

②指针不动则说明该电容器已损坏（开路）。

③指针摆到0Ω处后不返回，则说明该电容器已损坏（短路）。

④指针先摆向0Ω处，以后慢慢返回到一个较小的电阻值后停止不动，则说明该电容器的泄漏电流较大，可视具体情况决定是否需更换电容器。

（2）充放电法　如一时没有万用表可用此法。将电容器接到一个3～9V的直流电源上，时间约为2s，取下电容器。用螺钉旋具将电容器两端短接，若听到"啪"的放电声，或看到放电火花，则说明该电容器良好，否则即是坏的。对电解电容器，电源正端接电容器"＋"极性端。

（3）电容器电容量的测定　一般用专用的仪器（万用电桥等）测量电容器的电容量。

5. 摇测定子绕组的绝缘电阻

摇测方法参考三相异步电动机摇测绝缘方法。

6. 清洗滚动轴承及加润滑油（脂）

二、吊扇电动机的装配

将吊扇各零部件清洗干净，并检查完好之后，按与拆卸相反的步骤进行装配。

吊扇电动机装配示意图如图1-22所示，电容器倾斜装在吊杆上端的上罩内的吊攀中间，将防尘罩套上吊杆，扇头引出线穿入吊杆，先拆去扇头轴上的制动螺钉，再将吊杆与扇头螺钉拧合，直至吊杆孔与轴上的螺孔对准为止，并且将两只制动螺钉装上旋紧，然后握住吊杆拎起扇头，用手轻轻转动看转动是否灵活。

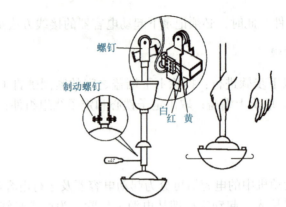

图 1-22 吊扇电动机装配示意图

三、吊扇电动机装配后的通电试运转

在确认装配及接线无误后方可通电试运转，观察电动机的起动情况、转向与转速。如有调速器，可将调速器接入，观察调速情况。

安全操作提示：
1）在拆除吊扇电源线及电容器时，必须注意记录接线方法，以免出错。
2）拆装吊扇电动机不可用力过猛，以免损伤零部件。
3）装配好的吊扇在试运转时，必须密切注意吊扇的起动情况、转向及转速，并应观察吊扇的运转情况是否正常，如发现不正常应立即停电检查。

▶▶ 任务评价

任务评价表见表 1-7。

表 1-7 任务评价表

序号	评价内容	考核要求	评分标准	配分	评分
1	吊扇电动机的拆卸	1. 拆卸前的准备 2. 拆卸吊扇 3. 吊扇电动机的拆卸 4. 检查电容器的好坏 5. 测定定子绕组的绝缘电阻 6. 清洗滚动轴承及加润滑油	拆卸前未做好准备扣 10 分 未正确拆卸吊扇扣 2 分 未能正确拆卸吊扇电动机扣 3 分 未能判断电容器的好坏扣 5 分 未能测定定子绕组的绝缘电阻扣 5 分 不清洗滚动轴承及加润滑油（脂）扣 5 分	30	
2	吊扇电动机的装配	1. 清洗干净吊扇各零部件，并检查完好 2. 安装吊扇并检查是否转动灵活	不清洗吊扇各零部件，不检查是否完好扣 10 分 不能正确安装吊扇，不检查是否转动灵活扣 10 分	20	
3	通电试运转	在确认装配及接线无误后通电试运转，观察电动机的起动情况、转向与转速。如有调速器，可将调速器接入，观察调速情况	一次通电不成功扣 10 分	20	

（续）

序号	评价内容	考核要求	评分标准	配分	评分
4	安全要求	1. 在拆除吊扇电源线及电容器时，必须注意记录接线方法，以免出错 2. 拆装吊扇电动机不可用力过猛，以免损伤零部件 3. 装配好的吊扇在试运转时，必须密切注意吊扇的起动情况、转向及转速	不按要求操作扣10分	10	
5	规范要求	着装符合工装要求，使用工具符合规范要求，工作完成后，工作台面干净整齐	着装不符合要求扣5分 使用工具不符合规范要求扣5分 工作完成后，工作台面脏乱不干净扣10分	20	

阅读与应用一　单相异步电动机的检测与常见故障维修

单相异步电动机的检测与常见故障维修见表1-8。

表1-8　单相异步电动机的检测与常见故障维修

序号	故障现象	故障原因	故障排除方法
1	电动机不能起动	1. 熔断器熔丝熔断 2. 保护系统温度设置过低 3. 无电压或电压过低 4. 电动机接线错误 5. 电源线开路 6. 一次绕组或二次绕组开路 7. 一次绕组或二次绕组短路 8. 电容器损坏 9. 开关损坏 10. 轴承磨损或装配不良	1. 更换熔丝 2. 重新设置保护温度 3. 测量并调整电压 4. 检查接线并纠正 5. 用万用表找出电源线开路点并重新焊接 6. 用万用表确定故障点，更换线圈 7. 用短路侦察器确定故障点，并重绕线圈 8. 更换电容器 9. 更换开关 10. 更换轴承
2	电动机发热	1. 电动机接线错误 2. 绕组匝间短路 3. 电压不正常 4. 电源频率不对 5. 定子、转子气隙中有杂物 6. 轴承润滑脂干涸，轴承受损 7. 电动机过载 8. 机械传动不灵活 9. 起动开关未能打开 10. 环境温度太高	1. 检查接线 2. 更换绕组 3. 测量电压，使电压正常 4. 调整电源频率 5. 清除杂物并保持通风畅通 6. 清洁轴承，换上新润滑脂 7. 减轻负载 8. 检查机械传动部分 9. 调整起动开关 10. 改善周围环境及通风条件

(续)

序号	故障现象	故障原因	故障排除方法
3	电动机声音异常	1. 转子不平衡或转子断条 2. 轴承磨损过多 3. 离心开关损坏 4. 转子轴向窜动 5. 电动机底脚螺栓松动 6. 电动机或电动机附件未紧固 7. 电动机与负载不同轴 8. 气隙中有杂物 9. 电动机轴弯曲 10. 电动机与负载共振	1. 调转子动平衡并达到标准要求；查找断点后焊接或换条 2. 更换轴承 3. 更换离心开关 4. 在一个或两个端盖轴承室内垫入一个适当厚度的挡圈 5. 紧固底脚螺栓 6. 紧固电动机或电动机附件 7. 调整电动机或负载的位置 8. 清理杂物 9. 更换电动机轴 10. 紧固电动机
4	电动机振动大	1. 电动机与负载不同轴 2. 螺栓未紧固 3. 绕组匝间短路 4. 电动机轴弯曲	1. 校正电动机与负载直至二者同轴 2. 紧固螺栓 3. 更换绕组 4. 更换电动机轴
5	电动机外壳带电	1. 电源线绝缘损坏 2. 电动机引线绝缘损坏 3. 电动机绕组对机壳短路	1. 更换电源线 2. 对电动机引线进行包扎 3. 更换绕组

阅读与应用二　三相异步电动机的检测与常见故障维修

三相异步电动机的检测与常见故障维修见表 1-9。

表 1-9　三相异步电动机的检测与常见故障维修

序号	故障现象	故障原因	故障排除方法
1	运行中的三相异步电动机温度过高	1. 电源电压过高或过低 2. 三相电压不平衡甚至缺相运行 3. 绕组的相间或匝间短路 4. 绕组接地 5. 轴承缺油脂或损坏 6. 过载运行 7. 风道堵塞	1. 应检查和调整电源电压 2. 检查电源、熔丝、开关、起动装置以及接线等是否有断相的现象，检查三相电压是否平衡，并排除故障点 3. 采用电桥测试各相绕组的直流电阻值，以便确定如何修理或更换绕组 4. 用绝缘电阻表摇测绝缘电阻，检查绝缘损坏原因，并增强绝缘或更换绕组 5. 应检查、加油脂或更换轴承 6. 应降低负载或更换大容量的电动机 7. 应清除风道杂物，加强环境的管理

项目1 异步电动机的认知

（续）

序号	故障现象	故障原因	故障排除方法
2	三相异步电动机三相电流不平衡	1. 三相电源电压不平衡 2. 定子绕组匝间短路 3. 定子绕组一相断线 4. 熔断器、接触器或起动器的主触头以及主电路的连接点接触不良或有断开点	1. 应检查电源电压 2. 用电桥测量定子绕组阻值 3. 当电动机每相绕组的几条并联支路的一条或几条断路，将造成三相阻抗不相等，从而引起三相电流的不平衡 4. 应停机检查处理
3	三相异步电动机绝缘电阻降低	1. 绕组受潮 2. 绕组上灰尘、碳化物过多 3. 引出线及接线盒内的绝缘不良 4. 绕组过热使绝缘老化	1. 应进行烘干处理（烘干温度应控制在规定范围内） 2. 应予以清除 3. 应重新处理包扎或更换 4. 应重新浸漆或重绕
4	电动机电刷冒火或集电环烧损	1. 电刷的压力调整不匀 2. 电刷与引线的接触不良 3. 集电环表面不平，有砂眼、麻点 4. 电刷选择不当或质量低劣 5. 维护不当，长期未清扫，集电环表面有污垢 6. 检修质量不高或刷握调整不当	1. 应按规定压力重新调整 2. 应重新接线 3. 应加工磨平 4. 应更换为厂家指定的电刷 5. 应定期清扫 6. 应提高检修质量
5	电动机轴承过热	1. 轴承损坏 2. 轴承扭歪、卡滞或安装不正 3. 润滑油脂干涸或太少 4. 润滑油脂不纯，有灰砂、铁屑等 5. 有漏油脂现象并发热或润滑油脂过多 6. 电动机端盖、轴承盖和机座不同心 7. 联轴器装配不正或传送带过紧	1. 应更换轴承 2. 应重新装配并调整 3. 应清洗轴承，并填入适量的润滑油脂 4. 应更换符合质量要求的润滑油脂 5. 应按规定数量调整油脂量 6. 其各零部件应找正后重新装配 7. 重新装配或调节传送带的松紧
6	电动机在运行中出现振动	1. 电动机基础不平或稳固不好 2. 联轴器装配不正或机械动平衡不良 3. 轴弯曲、转子不直或轴承损坏等引起扫膛 4. 扇叶损坏或松脱 5. 所拖动负载的振动传递给电动机	1. 应找平基础并稳固 2. 应重新装配或重新调节动平衡 3. 前者可加工调直，后者应更换轴承 4. 应修理扇叶或安装牢固 5. 应解决生产机械的振动问题
7	电动机声音异常	1. 轴承部位发出"咝咝"声 2. 轴承部位出现"咕噜"声 3. 电动机发出低沉的"嗡嗡"声 4. 电动机出现刺耳的碰擦声 5. 电动机出现低沉的吼声 6. 电动机发出时低时高的"嗡嗡"声，同时定子电流时大时小，发生振荡 7. 电动机发出较易辨别的撞击声	1. 轴承可能缺油脂 2. 轴承可能损坏 3. 如声音较小，则可能是电动机过载运行 4. 说明电动机可能有扫膛现象 5. 电动机的绕组可能有故障，或出现三相电流不平衡 6. 可能是笼型转子断条或绕线转子断线 7. 一般是机盖与风扇间混有杂物或风扇故障

项目 2
三相异步电动机的电气控制

项目概述

在生产实践中,电动机运行常采用按钮、接触器等低压电器进行控制。这种控制方式成本低、制作容易且维修方便,因而得到了广泛的应用。如图 2-1 所示电动机电气控制电路是由按钮、接触器、继电器等有触点电器组成的三相异步电动机继电器–接触器控制电路。

本项目以 7 个任务为载体,通过三相异步电动机基本电气控制电路的安装调试过程,了解低压电器的结构、工作原理、用途、电气符号、选型及在三相异步电动机电气控制电路中的作用,让读者识读电气原理图、安装接线图,通过具体实践,掌握三相异步电动机起动、调速、制动和反转控制电路的分析与调试,熟悉其工作过程及基本操作方法,能进行常见故障的分析排除。

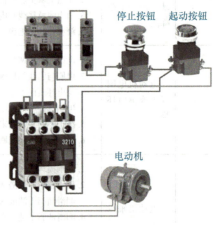

图 2-1 电动机电气控制电路

学习目标

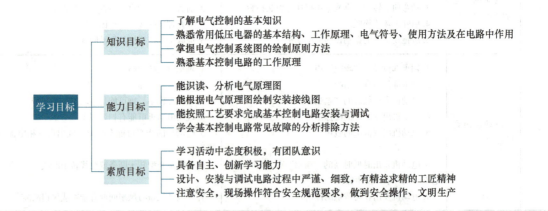

任务 1　三相异步电动机单方向运转控制

学习任务单

"三相异步电动机单方向运转控制"学习任务单见表 2-1。

项目2 三相异步电动机的电气控制

表2-1 "三相异步电动机单方向运转控制"学习任务单

项目2	三相异步电动机的电气控制		学时	
任务1	三相异步电动机单方向运转控制		学时	
任务描述	使用接触器控制三相异步电动机的直接起动,通过手动操作按钮实现三相异步电动机的单方向运转,包括点动与连续运转控制。控制要求如下: 1. 点动:按下起动按钮,电动机起动;松开起动按钮,电动机停止 2. 连续运转:按下起动按钮,电动机起动;松开起动按钮,电动机继续运转;按下停止按钮,电动机停止运转 3. 系统具有必要的保护措施			
任务流程	分析控制要求→识读原理图→绘制接线图→检测元器件→安装接线→线路检测→通电试车→验收评价			

▶▶ 任务引入

根据实际工作的需要,有的生产机械需要短时间断续运转(如天车运行)、有的生产机械需要连续运转(如车床主轴运行);还有的同一生产机械既要短时间断续运转,又要连续运转(如CA6140车床托板快速移动运行),所以对其拖动电动机的控制也有点动运转、连续运转、点动与连续运转三种控制方式。

图2-2所示为一台CA6140普通车床。主轴电动机和冷却电动机属于连续运转控制,托板快速移动电动机属于点动与连续运转控制,当托板在导轨右侧离卡盘较远时,操作人员为了快速移动车床刀架让电动机连续运转;当托板在导轨右侧离卡盘较近时操作人员为了快速移动车床刀架让电动机点动运转。

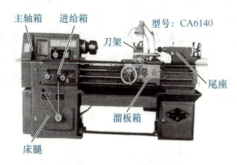

图2-2 CA6140普通车床

下面讲解点动控制、连续运转控制和既能点动又能连续运转控制电路。

▶▶ 知识学习

工作在交流电压1200V或直流电压1500V及以下的电路中起通断、保护、控制或调节作用的电器产品称为低压电器。

低压电器是电力拖动自动控制系统的基本组成元件,控制系统的可靠性、先进性和经济性与所用的低压电器有着直接的关系,作为电气技术人员必须熟练掌握低压电器的结构、原理,并能正确选用和维护。

一、低压电器的分类

低压电器用途广泛,功能多样,种类繁多,分类方法各异。

1. 按用途分类

（1）控制电器　用于各种控制电路和控制系统的电器。如接触器、各种控制继电器、控制器和起动器等。

（2）主令电器　用于自动控制系统中发送控制指令的电器。如控制按钮、主令开关、行程开关和万能转换开关等。

（3）保护电器　用于保护电路及用电设备的电器。如熔断器、热继电器、各种保护继电器和避雷器等。

（4）配电电器　用于电能的输送和分配的电器。如高压断路器、隔离开关、刀开关和断路器等。

（5）执行电器　用于完成某种动作或传动功能的电器。如电磁铁、电磁离合器等。

2. 按工作原理分类

（1）电磁式电器　依据电磁感应原理来工作的电器。如交直流接触器、各种电磁式继电器等。

（2）非电量控制电器　电器的工作是靠外力或某种非电物理量的变化而动作的电器。如刀开关、行程开关、按钮、速度继电器、压力继电器和温度继电器等。

3. 按执行机能分类

（1）有触点电器　利用触点的接触和分离来通断电路的电器。如刀开关、接触器和继电器等。

（2）无触点电器　利用电子电路发出检测信号，达到执行指令并控制电路目的的电器。如电感式开关、电子接近开关和晶闸管式时间继电器等。

有触点的电磁式电器在电气自动控制电路中使用最多，其类型也很多，各类电磁式电器在工作原理和构造上亦基本相同。就其结构而言，大多由两个主要部分组成，即感测和执行部分。感测部分在自动切换电器中常用电磁机构组成，在手动切换电器中常为操作手柄，执行部分包括触点片与灭弧装置。

二、刀开关

刀开关是结构最简单、应用最广泛的一种手动电器；在低压电路中，用于不频繁接通和分断电路，或用来将电路与电源隔离，也称为隔离开关。

刀开关由操作手柄、触刀、静插座和绝缘底板组成，按刀数可分为单极、双极、三极和四极。刀开关的外形及符号如图2-3所示，一般均与熔丝或熔断器组成具有保护作用的开关电器，如开启式负荷开关和负荷开关等。

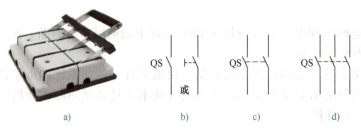

图2-3　刀开关的外形及符号

a）外形（四极）　b）单极　c）双极　d）三极

图2-4a为HK系列瓷底开启式负荷开关结构图，由刀开关和熔丝组合而成，图2-4b为其

图形和文字符号。瓷底板上有进线座、静触头、熔丝、出线座和刀片式的动触头（刀），上面罩有两块胶盖。这样，操作人员不会触及带电部分，并且分断电路时产生的电弧也不会飞出胶盖而灼伤操作人员。

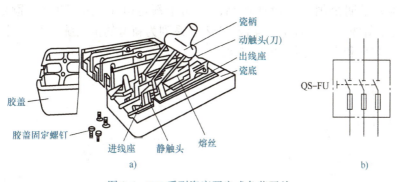

图 2-4　HK 系列瓷底开启式负荷开关

a）结构图　b）图形和文字符号

这种开关适用于额定电压为交流 380V 或直流 440V、额定电流不超过 60A 的电器装置，在电热、照明等各种配电设备中，不频繁地接通或切断负载电路，起短路保护作用。三极刀开关由于没有灭弧装置，因此在适当降低容量使用时，也可用作小容量异步电动机不频繁直接起动和停止的控制开关。在拉闸与合闸时，动作要迅速，以利于迅速灭弧，减少刀片的灼伤。

安装时，刀开关在合闸状态下手柄应该向上，不能倒装和平装，以防止闸刀松动落下时误合闸。电源进线应接在静触头一边的进线端，用电设备应接在动触点一边的出线端。这样，当刀开关关断时，闸刀和熔丝均不带电，以保证更换熔丝时的安全。

三、转换开关

转换开关又称组合开关，一般用于电气设备中不频繁地通断电路、换接电源和负载，以及小容量电动机不频繁的起停控制。

图 2-5 所示为 HZ10-10/3 型转换开关的外形、结构及图形符号，实际上它是由多极触点组合而成的刀开关，由动触头（动触片）、静触头（静触片）、转轴、手柄、定位机构及外壳等部分组成。其动静触头分别叠装于数层绝缘壳内，其内部结构示意图如图 2-6 所示，当转动手柄时，每层的动触片随方形转轴一起转动。

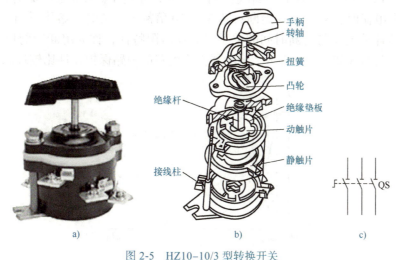

图 2-5　HZ10-10/3 型转换开关

a）外形　b）结构　c）图形符号

一般可以用转换开关控制 4kW 以下电动机的起动和停止，该转换开关额定电流应为电动机额定电流的 3 倍。若用转换开关接通电源，另由接触器控制电动机时，转换开关的额定电流可稍大于电动机的额定电流。

HZ10 系列为早期全国统一设计产品，适用于额定电压 500V 以下，额定电流有 10A、25A 和 100A 几个等级，极数有 1～4 极。HZ15 系列为新型的全国统一设计更新换代产品。

转换开关的图形和文字符号如图 2-7 所示。

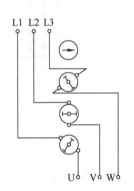

图 2-6　转换开关内部结构示意图　　　图 2-7　转换开关的图形和文字符号

a）单极　b）三极

四、熔断器

熔断器是一种简单而有效的保护电器，串接在电路中，主要起短路保护作用。

熔断器主要由熔体和安装熔体的熔管组成。熔体串接于被保护的电路中，一般由熔点较低、电阻率较高的合金或铅、锌、铜、银、锡等金属材料制成丝或片状。熔管由陶瓷、玻璃和纤维等绝缘材料制成，在熔体熔断时还兼有灭弧作用。当电路正常工作时，熔断器允许通过一定大小的电流，其熔体不熔化；当电路发生短路时，熔体中流过很大的故障电流，当电流产生的热量达到熔体的熔点时，熔体熔化，自动切断电路，从而达到保护目的。

（一）熔断器的保护特性

每一个熔体都有一个额定电流值，熔体允许长期通过额定电流而不熔断。当熔体流过 1.25 倍额定电流时，熔体 1h 以上熔断或长期不熔断；通过 1.6 倍额定电流时，应在 1h 内熔断；达 2 倍额定电流时，30～40s 熔断；达 8～10 倍额定电流时，熔体瞬间（1s）熔断。由此可见，通过熔体的电流与熔断时间的关系具有反时限特性，称为熔断器的保护特性，简称"安-秒特性"，其曲线如图 2-8 所示。熔断器作为电路的短路保护元件比较理想。

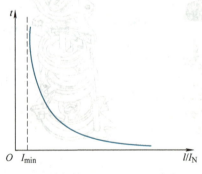

图 2-8　熔断器的保护特性曲线

(二)常用熔断器

常用熔断器有螺旋式熔断器、无填料密闭管式熔断器、有填料密闭管式熔断器、快速熔断器和自复式熔断器等。熔断器的型号含义介绍如下。

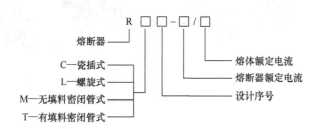

1. 螺旋式熔断器

如图 2-9 所示,熔体的上端盖有一熔断指示器,一旦熔体熔断,指示器马上弹出,可透过瓷帽上的玻璃孔观察到,它常用于机床电气控制设备中。全国统一设计的螺旋式熔断器有 RL6、RL7(取代 RL1、RL2)和 RLS2(取代 RLS1)等系列。

图 2-9 螺旋式熔断器

2. 无填料密闭管式熔断器

如图 2-10 所示,它常用于低压电网或成套配电设备中。常见型号有 RM10 系列。

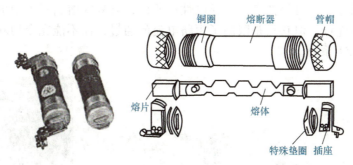

图 2-10 无填料密闭管式熔断器

3. 有填料密闭管式熔断器

如图 2-11 所示,绝缘管内装有石英砂作填料,用来冷却和熄灭电弧,它常用于大容量的电网或配电设备中。常见的型号有 RT12、RT14、RT15、RT17、RT18 等系列。

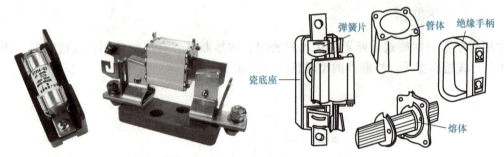

图 2-11 有填料密闭管式熔断器

4. 快速熔断器

如图 2-12 所示，它主要用于半导体整流元件或整流装置的短路保护。由于半导体元件的过载能力很低，只能在极短时间内承受较大的过载电流，因此要求短路保护具有快速熔断的能力。快速熔断器的结构和有填料密闭管式熔断器基本相同，但熔体材料和形状不同，它是以银片冲制的有 V 形深槽的变截面熔体，常见型号有 RLS2、RS3 系列。

图 2-12 快速熔断器

5. 自复式熔断器

如图 2-13 所示，它是一种新型熔断器，以金属钠作熔体，其熔点低、易气化。常温下钠的电阻很小，正常工作电流易通过。当发生短路时，温度急剧升高，固态钠迅速气化，而气态钠电阻很高，从而限制短路电流通过，达到短路保护的目的。当短路故障消除、温度降低后，钠又恢复为固态，又可保持良好的导电性。所以，自复式熔断器不用更换熔体，能够反复使用，这是它的优点。但它只是限制了短路电流的通过，而不能完全切断，这是主要的缺点。常见型号有 RZ1 系列。

图 2-13 自复式熔断器

（三）熔断器的选择

在选择熔断器时，主要考虑以下几个技术参数。

（1）熔断器类型选择　其类型应根据线路的要求、使用场合和安装条件选择。

（2）熔断器额定电压的选择　其额定电压应大于或等于线路的工作电压。

（3）熔断器额定电流的选择　其额定电流必须大于或等于所装熔体的额定电流。

（4）熔体额定电流的选择

1）用于电炉、照明等电阻性负载的短路保护，熔体的额定电流等于或稍大于电路的工作电流。

2）保护单台电动机时，考虑到电动机受起动电流的冲击，熔体的额定电流应按下式计算：

$$I_{RN} \geq (1.5 \sim 2.5) I_N$$

式中，I_{RN} 为熔体的额定电流；I_N 为电动机的额定电流。轻载起动或起动时间短时，系数可取 1.5；重载起动或起动时间较长时，系数可取 2.5。

3）保护多台电动机，熔体的额定电流可按下式计算：

$$I_{RN} \geq (1.5 \sim 2.5) I_{Nmax} + \sum I_N$$

式中，I_{Nmax} 为容量最大的一台电动机的额定电流；$\sum I_N$ 为其余电动机额定电流之和。

4）在配电系统中，为防止发生越级熔断，多级熔断器应相互配合。一般上一级（供电干线）熔体的额定电流比下一级（供电支线）大 1～2 个级差。

（5）熔断器极限分断能力的选择　必须大于电路中可能出现的最大短路电流。

熔断器的图形和文字符号如图 2-14 所示。

图 2-14　熔断器的图形和文字符号

五、控制按钮

控制按钮是一种结构简单、应用广泛的主令电器，是用来短时间接通或断开小电流电路的手动主令电器。

控制按钮由按钮帽、复位弹簧、桥式触头和外壳等组成，通常做成复合触头，即具有动合触头和动断触头。按下控制按钮时，先断开动断触头，后接通动合触头；当松开控制按钮时，在复位弹簧作用下，动合触头先断开，动断触头后闭合。图 2-15 为 LA19-11 型控制按钮的外形、结构示意图。

控制按钮在结构上有多种形式，如旋转式——用手动旋钮进行操作；指示灯式——控制按钮内装有信号灯显示信号；紧急式——装有突起的蘑菇形按钮帽，以便紧急操作；带锁式——即用钥匙转动来开关电路，并在钥匙抽出后不能随意动作，具有保密和安全功能。为了便于区分各控制按钮不同的控制作用，通常将按钮帽做成不同颜色，这样可以避免误操作。常以红色表示停止按钮，绿色表示起动按钮。

控制按钮的选择要根据所需触点对数、使用场合及作用来选择型号及按钮颜色。常用的型号有 LA18、LA19、LA20、LA25 等系列。国外的有德国 BBC 公司的 LAZ 系列。

控制按钮的型号含义及电气符号如图 2-16 所示。

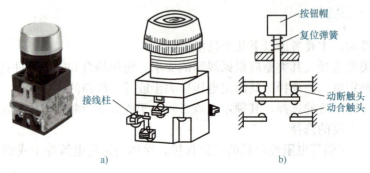

图 2-15 LA19-11 型控制按钮的外形、结构示意图

a) 外形 b) 结构

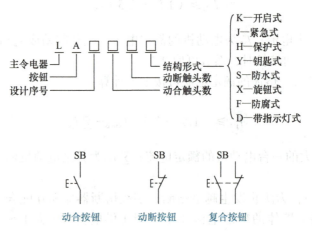

图 2-16 控制按钮的型号含义及电气符号

六、接触器

接触器能依靠电磁力的作用使触头闭合或分离来接通或分断交直流主回路和大容量控制电路，并能实现中远距离自动控制和频繁操作。接触器具有大的执行机构，其大容量的主触头有迅速熄灭电弧的能力，当电路发生故障时，能迅速可靠地切断电源。其兼有欠（零）电压保护功能，是自动控制系统和电力拖动系统中应用广泛的一种低压控制电器。

接触器主要由电磁系统、触头系统和灭弧装置组成，可分为交流接触器和直流接触器两大类型。

1. 交流接触器

（1）交流接触器电磁系统　用来操作触头的闭合与分断，包括线圈、动铁心和静铁心。线圈由绝缘铜导线绕制而成，一般制成粗而短的圆筒形，并与铁心之间有一定的间隙，以免与铁心直接接触而受热烧坏。铁心由硅钢片叠压而成，以减少铁心中的涡流损耗，避免铁心过热。在铁心上装有短路环，以减少交流接触器吸合时产生的振动和噪声，故又称减振环。

（2）触头系统　分主触头和辅助触头，用来直接接通和分断交流主电路和控制电路。主触头用以通断电流较大的主电路，体积较大，一般有三对动合触头；辅助触头用以通断电流较小的控制电路，体积较小，有动合和动断两种触头。触头用导电性能较好的纯铜制成，并在接触部分镶上银或银合金块，以减小接触电阻。

（3）灭弧装置　用来迅速熄灭主触头在分断电路时所产生的电弧，保护触头不受电弧灼伤，并使分断时间缩短。容量在 10A 以上的接触器都有灭弧装置，对于小容量的接触器，常采用双断口桥形触头以利于灭弧，其上有陶土灭弧罩。对于大容量的接触器常采用纵缝灭弧罩及栅片灭弧结构。

（4）其他部件　包括反作用力弹簧、传动机构和接线柱等。CJ-20 交流接触器外形及结构示意图如图 2-17 所示。

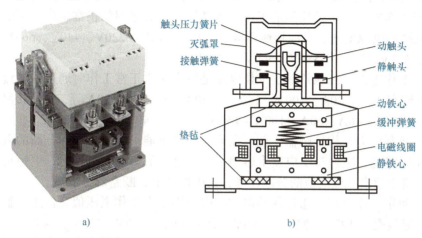

图 2-17　CJ-20 交流接触器外形及结构示意图

a）外形　b）结构

（5）工作原理　当线圈通入电流后，在铁心中形成强磁场，动铁心受到电磁力的作用，便吸向静铁心。但动铁心的运动受到弹簧阻力，故只有当电磁力大于弹簧反作用力时，动铁心才能被静铁心吸住。动铁心吸下时，带动动触头与静触头接触，从而使被控电路接通。当线圈断电后，动铁心在弹簧反作用力作用下迅速离开静铁心，从而使动静触头分离，断开被控电路。

常用的交流接触器产品：国内有 CJ21、CJ26、CJ35 等；国外有 B、3TB、3TF、LC1-D 等系列。

2. 直流接触器

直流接触器与交流接触器在结构与工作原理上基本相同，在结构上也是由电磁机构、触头系统和灭弧装置等部分组成。但也有不同之处，其铁心通以直流电，不会产生涡流和磁滞损耗，所以不发热。为方便加工，由整块低碳钢制成。为使线圈散热良好，通常将线圈绕制成长而薄的圆筒形，与铁心直接接触，易于散热。直流接触器灭弧较困难，一般采用灭弧能力较强的磁吹灭弧装置。

常用的直流接触器有 CZ18、CZ21、CZ22、CZ0、CTZ 等系列。

接触器的图形和文字符号如图 2-18 所示。

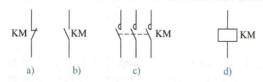

图 2-18　接触器的图形和文字符号

a）辅助动断触头　b）辅助动合触头　c）主触头　d）线圈

3. 接触器的主要技术参数

接触器的主要技术参数有极数和电流种类、额定工作电压、额定工作电流（或额定控制功率）、额定通断能力、线圈额定工作电压、允许操作频率、机械寿命和电器寿命及使用类别等。

（1）接触器的极数和电流种类　按接触器接通与断开主电路电流种类不同，分为直流接触器和交流接触器；按接触器主触头的个数不同又分为两级、三级与四级接触器。

（2）额定工作电压　接触器额定工作电压是指主触头之间的正常工作电压值，也就是指主触头所在电路的电源电压。直流接触器额定电压有110V、220V、440V、660V；交流接触器额定电压有127V、220V、380V、500V、660V。

（3）额定工作电流　接触器额定工作电流是指主触头正常工作时通过的电流值。直流接触器的额定电流有40A、80A、100A、150A、250A、400A及600A等；交流接触器的额定工作电流有10A、20A、40A、60A、100A、150A、250A、400A及600A等。

（4）额定通断能力　指接触器主触头在规定条件下能可靠地接通和分断的电流值。在此电流值下接通电路时，主触头不应发生熔焊；在此电流值下分断电路时，主触头不应发生长时间燃弧。电路中超出此电流值的分断任务，则由熔断器、断路器等承担。

（5）线圈额定工作电压　指接触器电磁吸引线圈正常工作电压值。常用接触器线圈额定电压等级：交流线圈有127V、220V、380V；直流线圈有110V、220V、440V。

（6）允许操作频率　指接触器在每小时内可实现的最高操作次数。交直流接触器允许操作频率有600次/h、1200次/h。

（7）机械寿命和电器寿命　机械寿命是指接触器在需要修理或更换机构零件前所能承受的无载操作次数。电器寿命是在规定的正常工作条件下，接触器不需修理或更换的有载操作次数。

（8）使用类别　接触器用于不同负载时其对主触头的接通和分断能力要求不同，按不同使用条件来选用相应使用类别的接触器，便能满足其要求。在电力拖动控制系统中，接触器常用的使用类别及典型用途见表2-2。

表2-2　接触器常用的使用类别及典型用途

电流种类	使用类别	典型用途	主触头接通和分断能力
AC（交流）	AC1	无感或微感负载，如电阻炉	允许接通和分断额定电流
	AC2	绕线转子异步电动机的起动、制动	允许接通和分断4倍额定电流
	AC3	笼型异步电动机的起动、运转中分断	允许接通6倍额定电流和分断额定电流
	AC4	笼型异步电动机的起动、反接制动、反向和点动	允许接通和分断6倍额定电流
DC（直流）	DC1	无感或微感负载，如电阻炉	允许接通和分断额定电流
	DC2	并励电动机的起动、反接制动和点动	允许接通和分断4倍额定电流
	DC3	串励电动机的起动、反接制动和点动	允许接通和分断4倍额定电流

4. 接触器的选用

1）接触器极数和电流种类的确定。根据接触器主触头接通或分断电路的性质来选择直流接触器还是交流接触器。三相交流系统中一般选用三极交流接触器，当需要同时控制中性线时，则选用四极交流接触器。单相交流和直流系统中则常用两极或三极并联。一般场合选用电磁式接触器；易燃易爆场合应选用防爆型及真空接触器。

2）根据使用类别选用相应产品系列。接触器产品系列是按使用类别设计的，所以应首先根据接触器负担的工作任务来选择相应的使用类别。若电动机承担一般任务，其控制接触器可选 AC3 类；若承担重任务，应选 AC4 类。后一情形如选用了 AC3 类，则应降级使用，即使如此，其电寿命仍有不同程度的降低。

3）根据电动机（或其他负载）的功率和操作情况确定接触器的容量等级。在确定接触器的容量等级时，应使它与可控制电动机的容量相当，或稍大一些。切忌仅仅根据电动机额定电流来选择接触器的容量等级，因为接触器的主要任务是接通和分断负载，在频繁操作的情况下，触头发热比通以额定电流时要严重得多。一般按照 1.3～2 倍电动机额定电流选择接触器的容量。

4）根据接触器主触头接通与分断主电路电压等级，决定接触器的额定电压。

5）根据控制电路电压决定接触器线圈电压。对于同一系列、同一容量等级的接触器，其线圈的额定电压有好几种规格，所以应指明线圈的额定电压，它由控制电路电压决定。

6）接触器触头数和种类应满足主电路和控制电路的要求。

5. 使用接触器的注意事项

1）定期检查接触器的零件，要求可动部分灵活，紧固件无松动。已损坏的零件应及时修理或更换。

2）保持触头表面的清洁，不允许粘有油污。当触点表面因电弧烧蚀而附有金属小珠粒时，应及时去掉。触点若已磨损，应及时调整，消除过大的触头超程；若触点厚度只剩下 1/3 时，应及时更换。银和银合金触点表面因电弧作用而生成黑色氧化膜时，不必锉去，因为这种氧化膜的接触电阻很低，不会造成接触不良，锉掉反而缩短了触点寿命。

3）接触器不允许在去掉灭弧罩的情况下使用，因为这样很可能因触头分断时电弧互相连接而造成相间短路事故。用陶土制成的灭弧罩易碎，拆装时应小心，避免碰撞造成损坏。

4）若接触器已不能修复，应予更换。更换前应检查接触器的铭牌和线圈标牌上标出的参数。换上去的接触器的有关数据应符合技术要求；用于分合接触器的可动部分，看看是否灵活，并将铁心上的防锈油擦干净，以免油污粘滞造成接触器不能释放。有些接触器还需要检查和调整触头的开距、超程和压力等，使各个触头动作同步。

5）接触器工作条件恶劣时（如电动机频繁正反转），接触器额定电流应选大一个等级的。因为当接触器操作频率过高时，线圈会因过热而烧毁。

6）避免异物（如螺钉等）落入接触器内，因为异物可能使动铁心卡住而不能闭合，磁路留有气隙时，线圈电流很大，时间长了会因电流过大而烧毁。

七、热继电器

1. 热继电器结构原理

电动机的过载保护，一般采用热继电器完成。热继电器有多种结构形式，最常用的是双金属片结构。即由两种不同膨胀系数的金属片用机械辗压而成，一端固定，另一端为自由端。图 2-19 所示为热继电器的外形及结构示意图，它主要由双金属片、加热元件、动作机构、触点系统、整定调整装置和温度补偿元件等组成，利用电流热效应原理来工作。

图 2-19 中，主双金属片与加热元件串接在接触器负载端（电动机电源端）的主电路中，当电动机过载时，主双金属片受热弯曲推动导板，并通过补偿双金属片与推杆将动断触点（即串接在接触器线圈回路的热继电器动断触点）分开，以切断电路保护电动机。

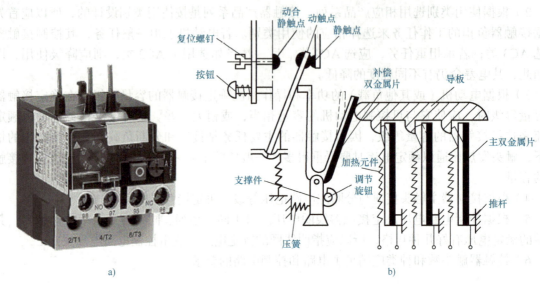

图 2-19 热继电器的外形及结构示意图

a）外形　b）结构

调节旋钮是一个偏心轮，它与支撑件构成一个杠杆，转动偏心轮，改变它的半径即可改变补偿双金属片与导板的接触距离，达到调节整定动作电流值的目的。此外，靠调节复位螺钉来改变动合静触点的位置使热继电器能工作在自动复位或手动复位两种工作状态。调成手动复位时，在故障排除后要按下按钮才能使动触点恢复与静触点相接触的位置。

热继电器通常有一动合触点、一动断触点。动断触点串入控制回路，动合触点可接入信号回路。

2. 热继电器的选择

热继电器主要用作电动机的过载保护，所以选择热继电器时应根据电动机的工作环境、起动情况和负载性质等因素来考虑。

1）热继电器结构形式的选择。星形接法的电动机可选用两相或三相结构热继电器，三角形接法的电动机必须选用带断相保护装置的三相结构热继电器。

2）原则上热继电器的额定电流应按电动机的额定电流选择。但对于过载能力较差的电动机，其配用的热继电器的额定电流应适当小些，通常选取热继电器的额定电流（热元件的额定电流）为电动机额定电流的 60%～80%。

3）在不频繁起动的场合，要保证热继电器在电动机起动过程中不产生误动作。当起动电流为额定电流 6 倍及以下，起动时间不超过 5s 时，不频繁起动的电动机可按电动机额定电流选用热继电器。当电动机起动时间较长时，不宜采用热继电器，而应采用过电流继电器作保护。

4）双金属片式热继电器一般用于轻载、不频繁起动电动机的过载保护。对于重载、频繁起动的电动机，则可用过电流继电器作它的过载和短路保护。

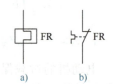

图 2-20 热继电器的图形和文字符号

a）热元件　b）动断触点

目前国内生产的热继电器主要有 JR20、JRS1、JR36、JR21 等系列；国外生产的热继电器有 3UA5、T、LR1-D、KTD 等系列。

热继电器的图形和文字符号如图 2-20 所示。

八、低压断路器

低压断路器多用于低压配电电路不频繁转换及起动电动机。在电路、电器设备及电动机发生严重过载、短路及欠（失）电压等故障时能自动切断电路，是低压配电电路中应用广泛的一种保护电器。

1. 结构和工作原理

低压断路器主要由三个基本部分组成：即主触头及灭弧系统、各种脱扣器、自由脱扣机构和操作机构。

（1）主触头及灭弧系统　主触头是断路器的执行元件，用来接通和分断主电路。为提高其分断能力，主触头上装有火弧装置。根据主触头数量可以分为单极、双极和三极低压断路器。

（2）脱扣器　包括过电流脱扣器、热脱扣器、欠（失）电压脱扣器和分励脱扣器。

1）过电流脱扣器：过电流脱扣器的线圈与主电路串联，流过负载电流。当电路发生短路时，过电流脱扣器的衔铁吸合，使自由脱扣机构动作，主触头断开主电路，实现短路保护功能。

2）热脱扣器：热脱扣器由热元件、双金属片组成，其热元件与主电路串联，其工作原理与双金属片式热继电器相同。当电路过载到一定值时，热脱扣器的热元件发热使双金属片向上弯曲，推动自由脱扣机构动作，使断路器主触头断开，实现过载保护功能。

3）欠电压脱扣器：欠电压脱扣器的线圈和电源并联，当主电路电压消失或是降到一定值以下时，欠电压脱扣器的衔铁释放，使自由脱扣机构动作，使断路器主触头断开，实现欠电压保护功能。

4）分励脱扣器：用于远距离断开断路器。在正常工作时，其线圈是断电的，在需要远距离控制时，按下起动按钮，使线圈通电，衔铁带动自由脱扣机构动作，使断路器主触头断开，切断电路。

（3）自由脱扣机构和操作机构　自由脱扣机构用来联系操作机构和主触头，操作机构实现断路器的闭合、断开。低压配电系统中的断路器有电磁铁操作机构和电动机操作机构两种。

图2-21所示为三极低压断路器的工作原理示意图。图中触头有三对，串联在被保护的三相主电路中。手动扳动按钮为"合"位置，这时触头由锁键保持在闭合状态，锁键由搭钩支持着。要使开关分断时，扳动按钮为"分"位置，搭钩被杠杆顶开（搭钩可绕轴转动），触头就被弹簧1拉开，电路分断。

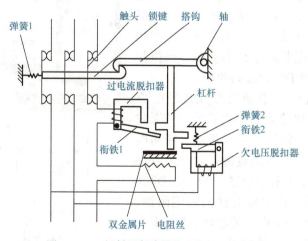

图2-21　三极低压断路器的工作原理示意图

断路器的自动分断，是由过电流脱扣器、欠电压脱扣器和热脱扣器使搭钩被杠杆顶开而完成的。过电流脱扣器的线圈和主电路串联，当电路工作正常时，所产生的电磁吸力不能将衔铁1吸合，只有当电路发生短路或产生很大的过电流时，其电磁吸力才能将衔铁18吸合，撞击杠杆，顶开搭钩，使触头断开，从而将电路分断。

欠电压脱扣器的线圈并联在主电路上，当电路电压正常时，欠电压脱扣器产生的电磁吸力能够克服弹簧2的拉力而将衔铁2吸合，如果电路电压降到某一值以下，电磁吸力小于弹簧2的拉力，衔铁2被弹簧2拉开，衔铁撞击杠杆，顶开搭钩，则触头分断电路。

当电路发生过载时，过载电流通过热脱扣器的发热元件而使双金属片受热弯曲，于是杠杆顶开搭钩，使触头断开，从而起到过载保护的作用。断路器在使用上的最大好处是脱扣器可以重复使用，不需要更换。

2. 主要技术参数

低压断路器的主要技术参数有额定电压、额定电流、极数、脱扣器类型及其整定电流范围、通断能力和动作时间等。

（1）额定电压　指断路器在电路中长期工作时的允许电压值。

（2）额定电流　指脱扣器允许长期通过的电流，即脱扣器额定电流。

（3）通断能力　指在规定操作条件下，断路器能接通和分断短路电流的能力。

（4）动作时间　指从出现短路的瞬间开始，到触头分离、电弧熄灭、电路被完全断开所需的全部时间。一般断路器的动作时间为30～60ms，限流式和快速断路器的动作时间通常小于20ms。

3. 选用规则

1）断路器的额定电压和额定电流应大于或等于电路、设备的正常工作电压和工作电流。

2）断路器的极限通断能力大于或等于电路最大短路电流。

3）欠电压脱扣器的额定电压等于电路的额定电压。

4）长延时电流的整定值等于电动机的额定电流。

5）瞬时整定电流：对于保护笼型转子异步电动机的断路器，瞬时整定电流为8～15倍电动机额定电流；对于保护绕线转子异步电动机的断路器，瞬时整定电流为3～6倍电动机额定电流。

使用低压断路器实现短路保护比熔断器性能更加优越，因为当三相电路发生短路时，很可能只有一相的熔断器熔断，造成单相运行。对于低压断路器只要造成短路都会使开关跳闸，将三相电源全部切断。但低压断路器结构复杂，操作频率低，价格较高，适用于要求较高的场合。

低压断路器品种较多，有塑壳式（DZ型）、框架式（DW型）、直流快速式和限流式等。塑壳式（DZ型）低压断路器经常用作配电线路、照明电路、电动机及电热器等设备的电源控制开关及保护电器。国产断路器主要有DW15、DZ15、DZ20系列，国外引进的断路器主要有法国的施耐德、德国的西门子和日本的松下电工等品牌系列产品。

低压断路器的外形和符号如图2-22所示。

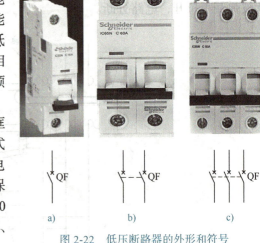

图2-22　低压断路器的外形和符号

a）单极　b）双极　c）三极

项目 2 三相异步电动机的电气控制

>> 任务实施

一、识读电气原理图

1. 点动控制电路

所谓点动,即按下按钮时电动机转动工作,松开按钮时电动机停止工作。多用于短时转动的场合,如机床的对刀调整和车床拖板的快速短暂移动等。图 2-23 所示为点动控制电路,包括主电路和控制电路两部分。主电路由三相电源开关 QS、熔断器 FU1、交流接触器 KM 的动合主触头和笼型电动机 M 组成;控制电路由熔断器 FU2、起动按钮 SB 和交流接触器线圈 KM 组成。

电路的工作过程介绍如下。

先接通三相电源开关 QS,

起动过程:按下 SB → KM 线圈得电 → KM 主触头闭合 → 电动机 M 通电运转。

停机过程:松开 SB → KM 线圈失电 → KM 主触头断开 → 电动机 M 断电停止运转。

2. 连续运转控制电路

在实际应用中经常要求电动机能够长时间转动,这种控制就是连续运转控制。连续运转控制电路如图 2-24 所示。主电路由电源开关 QS、熔断器 FU1、交流接触器 KM 的动合主触头、热继电器 FR 热元件和电动机 M 构成;控制电路由熔断器 FU2、起动按钮 SB2、停止按钮 SB1、交流接触器 KM 的动合辅助触头、热继电器 FR 的动断触点和交流接触器线圈 KM 组成。

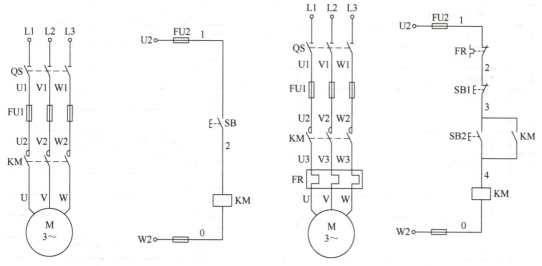

图 2-23 点动控制电路　　　　　图 2-24 连续运转控制电路

电路的工作过程介绍如下。

先接通三相电源开关 QS。

起动过程:按下 SB2 → KM 线圈得电 → KM 主触头闭合(同时与 SB2 并联的 KM 动合辅助触头闭合)→ 电动机 M 通电运转。当松开 SB2 时,KM 线圈仍可通过与 SB2 并联的 KM 动合辅助触头保持通电,从而使电动机连续转动。这种

扫码观看工作过程演示:单方向连续运转控制电路

— 37 —

依靠接触器自身的辅助触头保持线圈通电的电路称为自锁电路。

停机过程：按下 SB1 → KM 线圈失电 → KM 主触头、辅助触头断开 → 电动机断电停止运转。

3. 电路的保护环节

（1）短路保护　当主电路或控制电路短路时，熔断器 FU1 或 FU2 的熔体熔断而切断电路，起到短路保护作用。

（2）过载保护　采用热继电器 FR 实现电动机的长期过载保护。当电动机出现长期过载时，串接在电动机定子电路中的热继电器双金属片因过热弯曲变形，致使其串接在控制电路中的动断触点断开，切断 KM 线圈电路，电动机停止运转，实现过载保护。

（3）欠电压（失电压）保护　通过接触器 KM 的自锁环节来实现。当电源电压由于某种原因而严重下降或失电压（如停电）时，接触器 KM 失电释放，电动机停止转动。当电源电压恢复正常时，接触器线圈不会自行得电，电动机也不会自行起动，只有在操作人员重新按下起动按钮后，电动机才能起动。这样可以避免电动机自行起动而造成设备和人身事故。

二、检测元器件

下面以连续运转控制电路为例详细叙述整个安装调试过程。按照图 2-24 连续运转控制电路配齐所需的元器件，并进行必要的检测。在不通电的情况下，用万用表或目测检查各元器件触点的通断情况是否良好；检查熔断器的熔体是否完好；检查按钮中的螺钉是否完好；检查接触器标示的线圈额定电压与电源电压是否相符等。其元器件清单见表 2-3。

表 2-3　连续运转控制电路元器件清单

序号	名称	数量	型号与规格
1	三相异步电动机	1	3kW 以下小型电动机
2	三极刀开关	1	也可用断路器
3	主电路熔断器	3	10A
4	控制电路熔断器	2	2A
5	交流接触器	1	线圈电压 380V
6	热继电器	1	
7	按钮	2	起动按钮为绿色；停止按钮为红色
8	主电路导线	若干	BV 2.5mm^2
9	控制电路导线	若干	BV 1.5mm^2
10	接线端子排	1	10 对接线端子
11	接线端子、导轨、线槽、号码管	若干	
12	电工工具		螺钉旋具、尖嘴钳、剥线钳、打号器等
13	万用表	1	

三、安装接线与运行调试

1. 元件布置图

连续运转控制电路的元件布置图（参考）如图 2-25 所示，在配电盘上合理布置和安装低压电气元件。

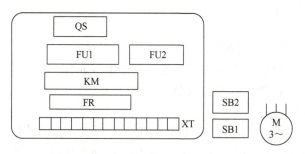

图 2-25 连续运转控制电路的元件布置图

2. 安装接线图

连续运转控制电路的安装接线图如图 2-26 所示，按图进行接线并按要求套线号管。

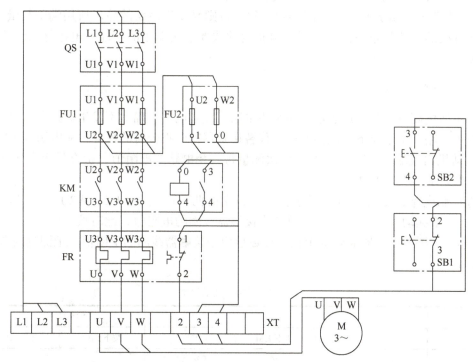

图 2-26 连续运转控制电路的安装接线图

扫码观看视频：元件的布局

扫码观看视频：主电路接线

扫码观看视频：控制电路接线 1

扫码观看视频：控制电路接线 2

扫码观看视频：接线注意事项

扫码观看视频：通电前检测

3. 安装接线

按工艺流程安装，完成以下操作步骤：

1）参照图 2-25 在配电盘上合理布置和安装低压电气元件。

2）按照图 2-26 进行接线，并按要求套线号管。

接线注意以下事项：

1）导线两端冷压头的制作：根据线径正确选择冷压头，正确使用压线钳，选择合适的钳口进行压接。制作完成后及时检查，用力拉一拉确保冷压头压接牢固且根部不露铜线。

2）套线号管：线号管粗细合适、线号正确且线号方向一致。

3）规范接线：垂直走线，上进下出，进线槽。确保每根线连接牢固，既不露金属也不压绝缘皮。接线过程中及时检测，用手轻拽，确保导线接点牢固。

4）按钮颜色的要求：停止按钮用红色，起动按钮用绿色。

5）接线端子：端子的码放方向必须一致，否则易发生短路故障。所用端子数量尽量少，能在局部解决的接线尽量不经过端子。电柜内的线要求接端子的上端，电柜外的线要求接端子的下端。

4. 运行调试

（1）不通电测试 用万用表依次测量主电路、控制电路，确保不发生短路和断路。

检查主电路，用手压下接触器的衔铁代替接触器得电吸合时的情况，从电源端（L1、L2、L3）到电动机出线端子（U、V、W）依次测量每一相电路的电阻值，检查是否存在开路，并把测试结果记录到表 2-4 中。

检查控制电路，万用表两表笔分别搭在 FU2 的两个进线端（U2、W2）上，此时读数应为"∞"。按下起动按钮 SB2 时，读数应为接触器线圈的电阻值，此时按下停止按钮 SB1，读数变为"∞"。压下接触器 KM 的衔铁，读数也应为接触器线圈的电阻值。把测量的电阻值记录到表 2-4 中。

表 2-4 不通电测试记录

项目	主电路			控制电路（U2—W2）	
操作步骤	合上 QS，压下 KM 衔铁			按下 SB2	压下 KM 衔铁
电阻值	L1—U	L2—V	L3—W		

（2）通电测试 检查确认无误后，安装电动机，连接保护接地线和外部导线，在教师的监护下通电运行，按照表 2-5 的步骤测试各项功能并记录结果，观察电动机运行是否正常。

表 2-5 通电测试记录

操作步骤	合上 QS	按下 SB1	按住 SB2	松开 SB2	再次按下 SB1
电动机运行或接触器吸合情况					

（3）故障排查 在操作过程中，如果出现运行不正常的现象，应立即切断电源，根据故障现象分析查找故障原因，仔细检查电路，排除故障。需在教师允许的情况下才能再次通电测试。

（4）断电结束 通电测试完毕，务必切断电源。

项目 2 三相异步电动机的电气控制

安全操作提示：
1）电动机外壳必须可靠接 PE 线（保护接地）。
2）严格按照操作步骤进行，通电测试操作必须在教师的监督下进行。
3）实操任务需在规定时间内完成，并做到安全操作和文明生产。

▶▶ 任务评价

在任务完成的过程中进行评价，任务评价表见表 2-6。

表 2-6 任务评价表

序号	评价内容	考核要求	配分	评分标准	评分
1	选择元器件	正确选择元器件型号、规格	5	每处错误扣 0.5 分	
2	元器件检测	正确使用万用表检测元器件好坏	5	每处错误扣 0.5 分	
3	元器件布局	布局合理	5	每处错误扣 0.5 分	
4	选择导线	正确选择导线种类、颜色和线径	5	每处错误扣 0.5 分	
5	线号的制作	正确使用线号机	5	每处错误扣 0.5 分	
6	导线两端冷压头的制作	冷压头压接牢固且根部不露铜线	5	每处错误扣 0.5 分	
7	套线号管	线号管粗细合适、线号正确且线号方向一致	5	每处错误扣 0.5 分	
8	接线的牢固	每根线接线牢固，用手拽不下来，且不露金属也不压绝缘皮	5	每处错误扣 0.5 分	
9	规范接线	垂直走线，上进下出，进线槽；停止按钮用红色，起动按钮用绿色	10	每处错误扣 1 分	
10	端子的接线	端子的码放方向一致；所用端子数量正确；电柜内的线接端子的上端 电柜外的线接端子的下端	10	每处错误扣 1 分	
11	通电前检查	用万用表测量主电路、控制电路	10	每处错误扣 1 分	
12	通电试车实现全部功能	完成要求的控制功能	10	每处错误扣 5 分	
13	安全操作	安全操作无事故	5	出现事故扣 5 分	
14	文件归档	整理技术文档	5	技术文档不齐备，酌情扣 1~5 分	
15	规范要求	着装符合工装要求，使用工具符合规范要求，工作完成后，工作台面干净整齐	10	着装、使用工具不符合要求扣 5 分 工作完成后，工作台面不整齐扣 5 分	

▶▶ 任务拓展

1）图 2-27 所示为既能点动又能连续运转控制电路。自行完成下面任务：
① 试分析其工作原理。
② 如果改用 220V 接触器实现上述功能，其电路图如何修改？

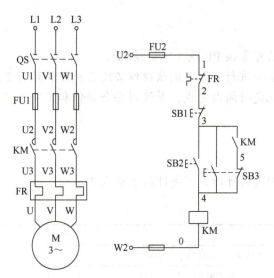

图 2-27　既能点动又能连续运转控制电路

2）如图 2-28 所示电路，分析其逻辑上存在什么问题？

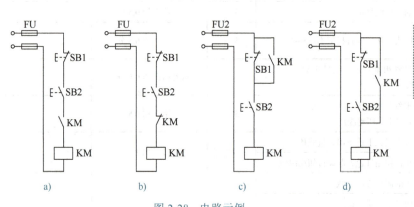

图 2-28　电路示例

扫码观看动画演示：按钮控制连续与点动运行

任务2　三相异步电动机正反转控制

▶ 学习任务单

"三相异步电动机正反转控制"学习任务单见表 2-7。

表 2-7　"三相异步电动机正反转控制"学习任务单

项目 2	三相异步电动机的电气控制	学时	
任务 2	三相异步电动机正反转控制	学时	
任务描述	使用接触器控制三相异步电动机的直接起动，通过手动操作按钮实现三相异步电动机的正反转控制。要求： 1. 按下正转按钮，电动机开始正转 2. 按下反转按钮，电动机开始反转 3. 按下停止按钮，电动机停止运行 4. 系统具有必要的欠电压、过电压、短路和过载保护措施		
任务流程	分析控制要求→绘制原理图→绘制接线图→准备元器件→安装接线→电路检测→通电试车→验收评价		

项目2 三相异步电动机的电气控制

任务引入

在生产加工过程中，往往要求电动机能够实现正反两个方向的转动。如起重机吊钩的上升与下降、机床工作台的前进与后退等。由电动机原理可知，只要把电动机的三相电源进线中的任意两相对调，就可以改变电动机的转动方向。因此，正反转控制电路实质上是两个方向相反的单向运行电路，为了避免误动作引起电源相间短路，必须在这两个相反方向的单向运行电路中加设必要的互锁。按照电动机可逆运行操作顺序的不同，就有了"正—停—反"和"正—反—停"两种控制电路。

知识学习

电气控制系统图一般包括电气原理图、元件布置图和安装接线图。

一、电气原理图

电气原理图也称为电路图，表示电流从电源到负载的传送情况和电气元件的动作原理，但它不表示电气元件的结构尺寸、安装位置和实际配线方法。

1. 绘制原则

根据国家标准 GB/T 4728.7—2008《电气简图用图形符号 第 7 部分：开关、控制和保护器件》的要求，绘制电气原理图应遵循以下原则：

1）原理图一般分主电路和控制电路两部分。主电路包括从电源到电动机的电路，是大电流通过的部分，用粗线条画在原理图的左边。控制电路是通过小电流的电路，一般是由按钮、电气元件的线圈、接触器的辅助触头和继电器的触点等组成的控制回路、照明电路、信号电路及保护电路等，用细线条画在原理图的右边。

2）电路图中各电气元件一律采用国家标准规定的图形符号绘出，用国家标准文字符号标记。

3）需要测试和拆接外部引出线的端子，应用图形符号"空心圆"表示。电路的连接点用"实心圆"表示。

4）采用电气元件展开图的画法。同一电气元件的各部件可不画在一起，但文字符号要相同。若有多个同一种类的电气元件，可在文字符号后加上数字序号的下标，如 KM1、KM2 等。

5）所有按钮、触点均按没有外力作用和没有通电时的原始状态画出。

6）控制电路的分支电路，原则上按动作顺序和信号流自上而下或自左至右的原则绘制。

7）电路图应按全电路、控制电路、照明电路和信号电路分开绘制。直流和单相电源电路用水平线画出，一般画在图样上方（直流电源的正极）和下方（直流电源的负极）。多相电源电路集中水平画在图样上方，相序自上而下排列。中性线（N）和保护接地线（PE）放在相线之下。主电路与电源电路垂直画出。控制电路与信号电路垂直画在两条水平电源线之间。耗电元件（如电器的线圈、电磁铁和信号灯等）直接与下方水平线连接，控制触点连接在上方水平线与耗电元件之间。

8）电路中各元器件触点图形符号，当图形垂直放置时以"左开右闭"绘制，即垂直线左侧的触点为动合触点，垂直线右侧的触点为动断触点。当图形为水平放置时以"下开上闭"绘制，即在水平线下方的触点为动合触点，上方的触点为动断触点。

图 2-29 所示为 CW6132 型普通车床电气原理图。

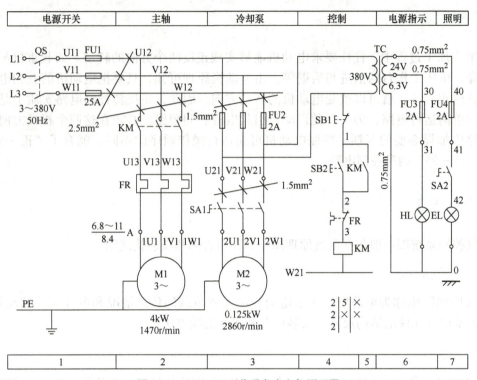

图 2-29 CW6132 型普通车床电气原理图

2. 图区的划分

在图 2-29 中，图样下方的 1、2、3 等数字为图区编号，便于检索、阅读和分析电气电路，以避免遗漏。图区编号也可以设置在图的上方。

图样上方的"电源开关"等字样，表明对应区域下方某个元件或某部分电路的功能，以利于理解全电路的工作原理。

3. 符号位置的索引

在图 2-29 中 KM 线圈下方的

是接触器 KM 相应触头的索引。

电气原理图中，接触器和继电器线圈与触头之间的从属关系要加以说明。即在原理图中相应线圈的下方，给出触头的图形符号，并在其下注明相应触头的索引代号，对未使用的触头用"×"表示，也可以不画。

对接触器，其各栏的含义如下：

左栏	中栏	右栏
主触头所在的图区号	辅助动合触头所在的图区号	辅助动断触头所在的图区号

对继电器，其各栏的含义如下：

左栏	右栏
动合触头所在的图区号	动断触头所在的图区号

二、元件布置图

元件布置图详细绘制出电气设备零件安装位置。图中各电器代号应与相关电路图和电器清单上的代号相同。电气元件布置应注意以下几个方面：

1）体积大和较重的电气元件应安装在电器安装板的下方，而发热元件应安装在电器安装板的上方。

2）强电弱电应分开，弱电应屏蔽，防止外界干扰。

3）需要经常维护、检修和调整的电气元件，安装位置不宜过高或过低。

4）电气元件的布置应考虑整齐、美观和对称，外形尺寸与结构类似的电器安装在一起，方便安装和配线。

5）电气元件布置不宜过密，应留有一定间距，如用走线槽应加大电气间距，以利于布线和维修。

图 2-30 为 CW6132 型普通车床的电气元件布置图。

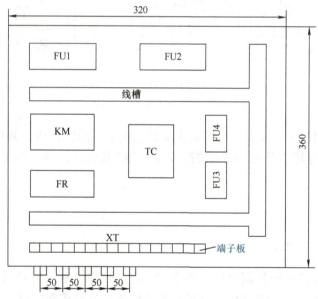

图 2-30　CW6132 型普通车床的电气元件布置图

三、安装接线图

安装接线图是电气原理图具体实现的表现形式，可直接用于安装配线，图中只表示电气元件的安装位置、实际配线方式等，而不明确表示电路的原理和电气元件间的控制关系。在实际应用中安装接线图往往要与电气原理图和元件布置图一起使用。下面是安装接线图的绘制原则：

1）各电气元件均按实际安装位置绘出，电气元件所占图面按实际尺寸以统一比例绘制。

2）一个元件中所有的带电部件均画在一起，并用点画线框起来，即采用集中表示法。

3）各电气元件的图形符号和文字符号，必须与电气原理图一致并符合国家标准。

4）各电气元件上凡是需接线的部件端子都应绘出并予以编号，各接线端子的编号必须与电气原理图上的导线编号一致。

5）绘制安装接线图时，走向相同的相邻导线，可以绘成一股线。

图 2-31 为 CW6132 型普通车床的安装接线图。

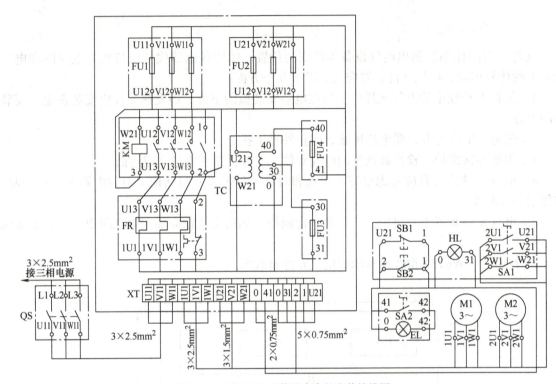

图 2-31　CW6132 型普通车床的安装接线图

图中把电气元件按照实际组合及其安装位置画在了点画线框内，并标注了文字符号，单元内设备通过端子排与其他设备（控制按钮 SB1、SB2 和电动机等）连接。

任务实施

一、识读电气原理图

图 2-32 为电动机正反转控制电路。图 2-32a 是主电路，由正反转接触器 KM1、KM2 的主触头来改变电动机相序。图 2-32b～d 是三种不同的正反转控制电路。

三种控制电路分析如下：

图 2-32b 是由两组单向旋转控制电路简单组合而成，以实现电动机的可逆旋转。电路的工作过程如下。

正转：按下 SB2→KM1 线圈得电→KM1 主触头闭合（同时 KM 动合辅助触头闭合）→电动机 M 通电运转。

停止：按下 SB1→KM1 线圈失电→KM1 主触头、辅助触头断开→电动机断电停止正转。

反转时原理同上。

虽然图 2-32b 电路能够实现正反转。但若发生电动机在按下正转起动按钮 SB2，电动机已进行正向旋转后，又按下反向起动按钮 SB3 的误操作时，由于正反转接触器 KM1、KM2 线圈均得电吸合，其主触头闭合，将发生电源两相短路事故，电动机无法正常工作。

扫码观看动画演示：
双互锁正反转控制

项目 2　三相异步电动机的电气控制

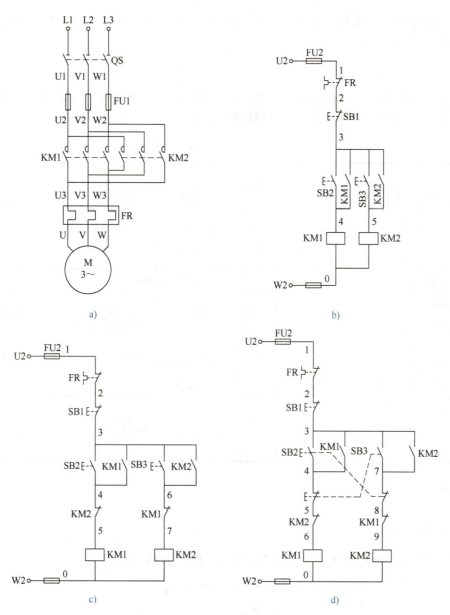

图 2-32　电动机正反转控制电路

图 2-32c 是对图 2-32b 的改进。为避免出现图 2-32b 的短路事故，将 KM1、KM2 的辅助动断触头串接在对方的线圈电路中，利用两个接触器的动断触点 KM1、KM2 的相互控制作用，即一个接触器通电时，利用其辅助动断触头的断开来锁住对方线圈的电路。这种利用两个接触器的辅助动断触头互相控制的方法称为电气互锁，两对起互锁作用的触头叫作互锁触头。在互锁电路中，要实现电动机由正到反或由反到正的运转，都需先按下停止按钮 SB1，然后再进行反转或正转的起动操作，这就构成了"正—停—反"或"反—停—正"的操作顺序。

若要实现电动机直接由正转到反转或由反转到正转，就需对图 2-32c 进行改进。图 2-32d 在图 2-32c 的基础上增加了起动按钮 SB2、SB3 的动断触点构成的按钮互锁（也称机械互锁）电路，这样在控制回路中既有按钮的机械互锁，又有接触器的电气互锁，称为双互锁正反转控制电路，其工作安全可靠，常被优先采用，由读者自行分析其工作过程。图 2-32d 在操作时无须再按停止按钮，直接按下反转起动按钮 SB3 可使电动机由正转变反转，或可直接使电动机由反转变为正转,成为"正—反—停"或"反—正—停"工作方式。当然该电路也能实现"正—停—反"的操作。

二、检测元器件

本任务以双互锁正反转控制电路为例,按照图 2-32d 的电路配齐所需的元器件,并进行必要的检测。双互锁正反转控制电路元器件清单见表 2-8。

表 2-8　元器件清单

序号	名称	数量	型号与规格
1	三相异步电动机	1	3kW 以下小型电动机
2	三极刀开关	1	也可用断路器
3	主电路熔断器	3	10A
4	控制电路熔断器	2	2A
5	交流接触器	2	线圈电压 380V
6	热继电器	1	
7	按钮	3	绿色按钮为正转,黑色按钮为反转,红色按钮为停止
8	主电路导线	若干	BV 2.5mm^2
9	控制电路导线	若干	BV 1.5mm^2
10	接线端子排	1	10 对接线端子
11	接线端子、导轨、线槽、线号管	若干	
12	电工工具		螺钉旋具、尖嘴钳、剥线钳、打号器等
13	万用表	1	

三、安装接线与运行调试

1. 元件布置图

双互锁正反转控制电路的元件布置图(参考)如图 2-33 所示。

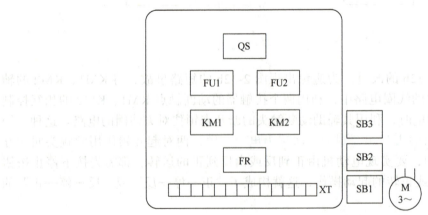

图 2-33　双互锁正反转控制电路的元件布置图

2. 安装接线图

双互锁正反转控制电路的安装接线图如图 2-34 所示。

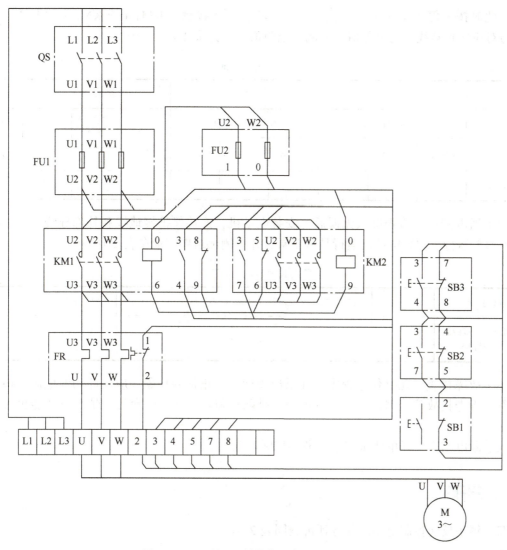

图 2-34 双互锁正反转控制电路的安装接线图

3. 安装接线

安装接线步骤及工艺与任务 1 中连续运转控制电路部分相同,在此不再赘述。须注意以下两点:

1)三个按钮内部的接线不要接错,正反转起动按钮选用绿色或黑色按钮,接动合触点,停止按钮选用红色按钮,接动断触点。原则上外部出线尽可能少。

2)主电路中两组接触器的主触点必须换相,KM2 的出线端反相,否则不能反转。

4. 运行调试

(1)不通电测试 用万用表依次测量主电路、控制电路,确保不发生短路和断路。

检查主电路,用手压下接触器 KM1(或 KM2)的衔铁代替接触器得电吸合时的情况,从电源端(L1、L2、L3)到电动机出线端子(U、V、W)依次测量每一相电路的电阻值,检查是否存在开路,将测得电阻值依次记录在表 2-9 中。

检查控制电路,万用表两表笔分别搭在 FU2 的两个进线端(U2、W2)上,此时读数应为"∞"。按下正转起动按钮 SB2(或反转起动按钮 SB3)时,读数应为对应接触器线圈的电阻值，此时按下停止按钮 SB1，读数变为"∞"。压下接触器 KM1（或 KM2）的衔铁，读数也应为对应接触器线圈的电阻值。将测得电阻值依次记录在表 2-9 中。

表 2-9 不通电测试记录

项目	主电路						控制电路两端（U2—W2）			
操作步骤	压住 KM1 衔铁			压住 KM2 衔铁			按下 SB2	按下 SB3	压下 KM1 衔铁	压下 KM2 衔铁
	L1—U	L2—V	L3—W	L1—W	L2—V	L3—U				
电阻值										

（2）通电测试 检查确认无误后，安装电动机，连接保护接地线和外部导线，在教师的监护下通电运行，观察电动机运行是否正常，并将测试结果记录在表 2-10 中。

表 2-10 通电测试记录

操作步骤	合上 QS	按下 SB2 或 SB3	按下 SB1	按下 SB2	按下 SB3	按下 SB1
电动机动作或接触器吸合情况						

（3）故障排查 在操作过程中，如果出现运行不正常的现象，应立即切断电源，根据故障现象分析查找故障原因，仔细检查电路，排除故障。需在教师允许的情况下才能再次通电测试。

（4）断电结束 通电测试完毕，务必切断电源。

▶▶ 任务评价

双互锁正反转控制电路的任务评价表同表 2-6。

▶▶ 任务拓展

基本任务：完成两台主轴电动机互锁控制电路设计。任务要求如下：
1）当其中一台电动机运行时，另一台电动机不能运行。
2）两台电动机有各自的短路保护、过载保护和各自的起停按钮。
3）完成主电路控制电路原理图、安装接线图的绘制。
4）利用实训室设备，完成安装接线及运行调试。

任务 3 三相异步电动机自动往返控制

▶▶ 学习任务单

"三相异步电动机自动往返控制"学习任务单见表 2-11。

项目 2　三相异步电动机的电气控制

表 2-11　"三相异步电动机自动往返控制"学习任务单

项目 2	三相异步电动机的电气控制	学时	
任务 3	三相异步电动机自动往返控制	学时	
任务描述	使用接触器控制三相异步电动机的直接起动，通过手动操作按钮实现三相异步电动机的正反转控制，通过行程开关实现三相异步电动机的自动往返运动控制。 控制要求： 1. 按下正转按钮，电动机能正向连续运转 2. 按下反转按钮，电动机能反向连续运转 3. 撞到行程开关，能实现自动往返运动 4. 按下停止按钮，电动机停止 5. 系统具有必要的欠电压、过电压、短路和过载保护措施		
任务流程	分析控制要求→绘制原理图→绘制接线图→准备元器件→安装接线→线路检测→通电试车→验收评价		

任务引入

工农业生产中有很多机械设备，如机床的工作台、高炉的加料设备等，都要求在一定距离内能进行自动往返运动。它可以通过行程开关来检测往返运动的相对位置，进而控制电动机的正反转来实现，通常把这种控制称为位置控制或行程控制。图 2-35 所示为工作台自动往返运动示意图，图中 SQ1、SQ2 为行程开关，SQ3、SQ4 为限位保护开关。

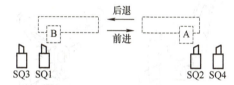

图 2-35　工作台自动往返运动示意图

知识学习

行程开关也称为位置开关或限位开关。它的作用与按钮相同，其特点是不靠手按，是利用生产机械某些运动部件的碰撞使触头动作，发出控制指令的主令电器。它是将机械位移转变为电信号来控制机械运动的，主要用于控制机械的运动方向、行程大小和位置保护。行程开关的结构可分为三部分：操作机构、触头系统和外壳。行程开关的种类很多，按其结构可分为直动式、转动式和微动式，按其复位方式可分为自动和非自动复位，按触头性质可分为接触式和非接触式。

1. 直动式行程开关

直动式行程开关的动作原理与控制按钮类似，又可称为按钮式。其结构如图 2-36 所示，它是用运动部件上的撞块来碰撞行程开关的推杆发出控制命令。

直动式行程开关结构简单、成本较低，但其触头的分合速度要取决于撞块移动的速度，若撞块移动速度慢，不能瞬间切断电路，致使电弧停留时间过长会烧损触头。因此这种开关不宜用在撞块移动速度小于 0.4m/min 的场合。

为克服直动式行程开关的缺点，使触点瞬时动作，行程开关一般都应具有快速换接动作机构，以保证动作的可靠性、控制位置的精确性和减小电弧对触点的灼烧。

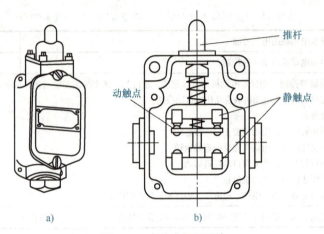

图 2-36 直动式行程开关

a) 外形图　b) 结构图

2. 转动式行程开关

为克服直动式行程开关的缺点，可采用能瞬时动作的转动式行程开关。转动式行程开关可分为单轮旋转式和双轮旋转式，外形如图 2-37 所示。

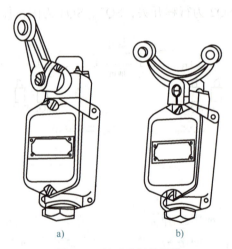

图 2-37 转动式行程开关

a) 单轮旋转式　b) 双轮旋转式

它适用于低速运动的机械。单轮旋转式和直动式行程开关可以自动复位，而双轮旋转式行程开关不可以自动复位。

3. 微动开关

微动开关是采用弯形片状弹簧的瞬时机构，它的快速动作是靠弯形片状弹簧发生变形时储存的能量突然释放来完成的。微动开关结构如图 2-38 所示，当推杆被压下时，弹簧片变形储能并产生位移。当达到一定临界点时，势能要转变成动能，弹簧片和动触点会产生瞬间的跳动，使动断触点断开，动合触点闭合。反之，减小操作力，又使弹簧片反向跳动。具有此种瞬时动作的微动开关，其动作极限行程和动作压力均很小，只适用于小型机构。但它有体积小、动作灵敏的优点。

项目 2　三相异步电动机的电气控制

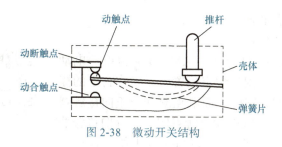

图 2-38　微动开关结构

目前，国内生产的行程开关品种规格很多，较常用的有 JLXK1、LX3、LX5、LX12、LX19A、LX21、LX22、LX29、LX32、LX33 等系列，微动开关有 LX31、JW。

行程开关的图形和文字符号如图 2-39 所示。

图 2-39　行程开关的图形和文字符号

▶▶ 任务实施

一、识读电气原理图

图 2-40 为电动机自动往返控制电路。电路实质上就是在电动机双互锁正反转控制电路的基础上，增加由行程开关动合触点并联在起动按钮动合触点两端构成另一条自锁电路，由行程开关动断触点串联在接触器线圈电路中构成互锁电路，并考虑了运动部件的运动限位保护。

图中 SB1 为停止按钮，SB2、SB3 为电动机正反转起动按钮，SQ1 为电动机反转到正转行程开关，SQ2 为电动机正转到反转行程开关，SQ3 为正向运动极限保护行程开关，SQ4 为反向运动极限保护行程开关。

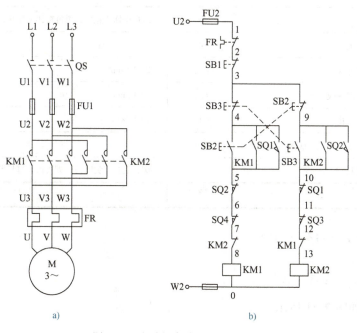

图 2-40　电动机自动往返控制电路

电路的工作过程介绍如下。

先接通三相电源开关 QS。

起动：按下正转起动按钮 SB2→KM1 线圈得电→电动机正转并拖动工作台前进→到达预定位置时，工作台上的撞块压下换向行程开关 SQ2，SQ2 动断触点断开→正向接触器 KM1 失电释放。与此同时，SQ2 动合触点闭合→反向接触器 KM2 得电吸合→电动机由正转变为反转并拖动工作台后退。

扫码观看动画演示：
自动往返控制

当工作台上的撞块压下换向开关 SQ1 时，又使电动机由反转变为正转，拖动工作台如此循环往复，实现电动机可逆旋转控制，使工作台自动往返运动。

停止：按下停止按钮 SB1 时，电动机便停止旋转。

行程开关 SQ3、SQ4 作为正向、反向终端极限行程开关，当出现工作台到达换向开关位置，而未能切断 KM1 或 KM2 的故障时，工作台继续运动，撞块压下极限行程开关 SQ3 或 SQ4，使 KM1 或 KM2 失电释放，电动机停止，从而避免运动部件越出允许位置而导致事故发生。因此，SQ3、SQ4 起限位保护作用。

二、检测元器件

自动往返控制电路元器件清单见表 2-12，按照清单配齐所需的元器件并检测好坏。

表 2-12　元器件清单

序号	名称	数量	型号与规格
1	三相异步电动机	1	3kW 以下小型电动机
2	三极刀开关	1	也可用断路器
3	主电路熔断器	3	10A
4	控制电路熔断器	2	2A
5	交流接触器	2	线圈电压 380V
6	热继电器	1	
7	按钮	3	绿色按钮为正转，黑色按钮为反转，红色按钮为停止
8	行程开关	4	
9	主电路导线	若干	BV2.5mm^2
10	控制电路导线	若干	BV1.5mm^2
11	接线端子排	1	10 对接线端子
12	接线端子、导轨、线槽、线号管	若干	
13	电工工具		螺钉旋具、尖嘴钳、剥线钳、打号器等
14	万用表	1	

三、安装接线与运行调试

1. 自动往返控制电路的接线图

安装接线图如图 2-41 所示。

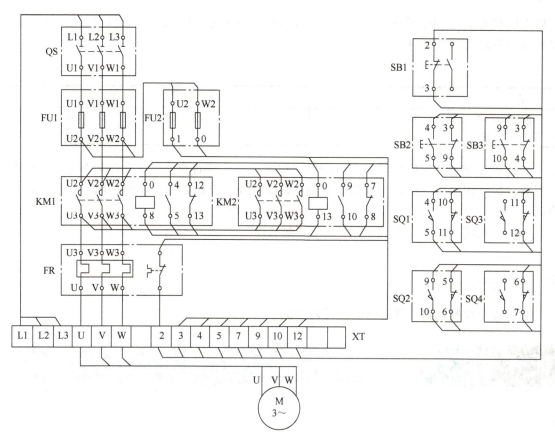

图 2-41 自动往返控制电路安装接线图

2. 安装接线

安装接线步骤、工艺及要注意的问题参考任务 2.2 双互锁控制电路，在此不再赘述。

3. 运行调试

（1）不通电测试 用万用表依次测量主电路、控制电路，确保不发生短路和断路。

检查主电路：用手压下接触器 KM1（或 KM2）的衔铁代替接触器得电吸合时的情况，从电源端（L1、L2、L3）到电动机出线端子（U、V、W）依次测量每一相电路的电阻值，检查是否存在开路，将测得电阻值依次记录在表 2-13 中。

检查控制电路，万用表两表笔分别搭在 FU2 的两个进线端（U2、W2）上，此时读数应为"∞"。依次测试 SB2、SB3、SQ1、SQ2，读数均应为对应接触器线圈的电阻值。压下接触器 KM1（或 KM2）的衔铁，读数也应为对应接触器线圈的电阻值。将测得的电阻值依次记录在表 2-13 中。

表 2-13 不通电测试记录

项目	主电路						控制电路两端（U2—W2）					
操作步骤	压住 KM1 衔铁			压住 KM2 衔铁			按下 SB2	按下 SB3	按下 SQ1	按下 SQ2	压下 KM1 衔铁	压下 KM2 衔铁
	L1—U	L2—V	L3—W	L1—W	L2—V	L3—U						
电阻值												

（2）通电测试 检查确认无误后，安装电动机，连接保护接地线和外部导线，在教师的

监护下按照表 2-14 通电顺序运行（行程开关的动作手动模拟），观察电动机运行是否正常，并将测试结果记录在表 2-14 中。

表 2-14 通电测试记录

操作步骤	合上 QS	按下 SB2	按下 SQ2 或 SB3	按下 SQ1 或 SB2	按下 SB1
电动机动作或接触器吸合情况					

（3）故障排查 在操作过程中，如果出现运行不正常的现象，应立即切断电源，根据故障现象分析查找故障原因，仔细检查电路，排除故障。需在教师允许的情况下才能再次通电测试。

（4）断电结束 通电测试完毕，务必切断电源。

任务评价

自动往返控制电路的任务评价表同表 2-6。

任务 4　三相异步电动机顺序控制

学习任务单

"三相异步电动机顺序控制"学习任务单见表 2-15。

表 2-15 "三相异步电动机顺序控制"学习任务单

项目 2	三相异步电动机的电气控制	学时	
任务 4	三相异步电动机顺序控制	学时	
任务描述	电动机的顺序控制，指按一定条件或顺序对多个电动机进行控制，经常应用在加工设备和生产线场合。控制要求： 按下起动按钮，电动机 M1 开始连续运转 电动机 M1 转动后，电动机 M2 开始运转 按下停止按钮，电动机 M1、M2 同时停止 系统具有必要的欠电压、过电压、短路、过载和限位保护措施		
任务流程	分析控制要求→绘制原理图→绘制接线图→准备元器件→安装接线→线路检测→通电试车→验收评价		

任务引入

在多台电动机拖动的生产机械上，常需要电动机按先后顺序起动工作，以保证操作过程的合理性和设备工作的可靠性。例如，机床中要求润滑电动机起动后，主轴电动机才能起动。这就对电动机的起动过程提出了顺序控制的要求，实现顺序控制的电路称为电动机顺序控制电路。

知识学习

漏电保护器又叫漏电保护开关，是一种电气安全装置。将漏电保护器安装在低压电路中，在电气设备发生漏电或接地故障，且达到漏电保护器所限定的动作电流值时，漏电保护器能在非常短的时间内立即动作，自动断开电源进行保护。低压断路器与漏电保护器（脱扣器）两部分合并起来就构成了一个完整的漏电断路器，具有过载、短路和漏电保护功能。漏电断路器的外形如图 2-42 所示。

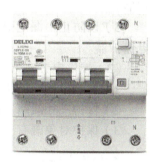

图 2-42　漏电断路器的外形

1. 工作原理

漏电保护器主要包括检测元件（零序电流互感器）、中间环节（包括放大器、比较器和脱扣器等）、执行元件（主开关）以及试验元件等几个部分。

漏电保护器的工作原理如图 2-43 所示。L1、L2、L3 三相同方向穿入零序电流互感器铁心，正常使用时，流过铁心的电流之和为零，二次绕组不产生电压。当负载或线路有漏电时，电流由输出端经大地返回变压器，没有经铁心圈内返回使穿过铁心的电流之和不等于零，铁心中就有磁场产生，使二次绕组产生电压，经放大控制开关切断电源。

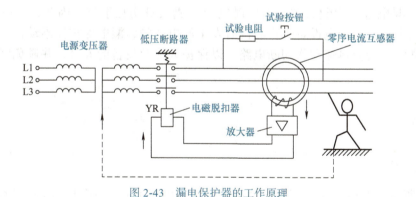

图 2-43　漏电保护器的工作原理

2. 参数与类型

（1）参数　包括额定电流、额定漏电动作电流和额定漏电动作时间。

（2）类型　按动作方式可分为电压动作型和电流动作型；按动作机构可分为开关式和继电器式；按极数和线数可分为单极二线、二极和三极等；按动作灵敏度可分为高灵敏度（漏电电流在 30mA 以下），中灵敏度（漏电电流在 30～1000mA），低灵敏度（漏电电流在 1000mA 以上）。

3. 漏电保护器选择

漏电保护器应根据使用目的和作业条件进行选用。

（1）按使用目的选用

1）以防止人身触电为目的，安装在线路末端，选用高灵敏度、快速型漏电保护器。

2）以防止人身触电为目的、与设备接地并用的分支线路，选用中灵敏度、快速型漏电保护器。

3）以防止由漏电引起的火灾和保护线路设备为目的的干线，应选用中灵敏度、延时型漏电保护器。

（2）按供电方式选用

1）保护单相线路（设备）时，选用单极二线或二极漏电保护器。

2）保护三相线路（设备）时选用三极漏电保护器。

3）保护对象既有三相又有单相时，选用三极四线或四极漏电保护器。

4. 使用方法及注意事项

（1）使用方法

1）在选用漏电保护器的极数时，必须与被保护线路的相数相适应。

2）安装在电度表和熔断器之后，检查漏电可靠度，定期进行校验。

（2）注意事项

1）无论是单相负载还是三相与单相的混合负载，相线与中性线均应穿过零序电流互感器。

2）安装漏电保护器时，一定要注意线路中中性线 N 的正确接法，即中性线一定要穿过零序互感器，而保护中性线 PE 绝不能穿过零序互感器。若将保护中性线 PE 接漏电保护器，漏电保护器处于漏电保护状态而切断电源，即保护中性线一旦穿过零序电流互感器，就再也不能用作保护线。

用电设备漏电容易引起火灾，人体触电会造成人身伤亡事故。因此，漏电保护器的正常工作状态应当是：当用电设备工作时没有发生漏电故障，漏电保护器不动作；一旦发生漏电故障，漏电保护器应迅速动作切断电路，以保护人体及设备的安全，并避免因漏电而造成火灾。

▶▶ 任务实施

一、识读电气原理图

图 2-44 所示为两台电动机顺序起动控制电路。图 2-44a 为顺序起动（电动机 M2 必须在 M1 工作后才能工作），同时停车；图 2-44b 为顺序起动，逆序停车（电动机 M1 必须在 M2 停车后才能停车）。

1. 电路的构成

主电路：电动机 M1 和 M2 分别由热继电器 FR1、FR2 进行保护，接触器 KM1 控制电动机 M1 的起动、停止，KM2 控制电动机 M2 的起动、停止，KM1、KM2 经熔断器 FU1 和开关 QS 与电源连接。

扫码观看动画演示：
顺序起动控制

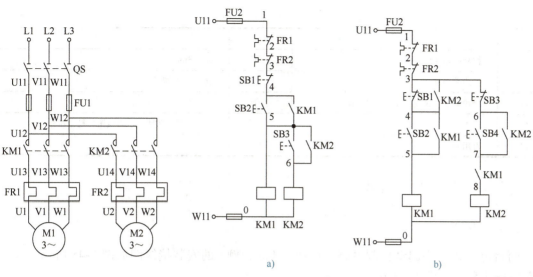

图 2-44 两台电动机顺序起动控制电路

a）顺序起动、同时停车　b）顺序起动、逆序停车

2. 电路的工作过程

先接通三相电源开关 QS。

（1）电路图 2-44a 的分析

起动：按下按钮 SB2→KM1 线圈得电→KM1 主触头闭合（KM1 动合辅助触头闭合）→电动机 M1 起动→按下按钮 SB3→KM2 线圈得电→KM2 主触头闭合→电动机 M2 起动。

停止：按下按钮 SB1→KM1、KM2 线圈同时失电→M1、M2 停止运转。

（2）电路图 2-44b 的分析

起动：同电路图 2-44a。

停止：由于 KM2 的动合辅助触头与 M1 的停止按钮 SB1 并联，所以当 KM2 线圈得电时，其动合辅助触头闭合，此时按下 SB1 按钮，仍无法使 KM1 线圈失电。只有先使 KM2 线圈失电释放（先停 M2）后，KM2 动合辅助触头断开，此时按下 SB1 按钮才能使 KM1 线圈失电，M1 停机。

二、检测元器件

两台电动机顺序起动控制电路元器件清单见表 2-16，按照清单配齐所需的元器件并检测好坏。

表 2-16　元器件清单

序号	名称	数量	型号与规格
1	三相异步电动机	2	3kW 以下小型电动机
2	三极刀开关	1	也可用断路器
3	主电路熔断器	3	10A
4	控制电路熔断器	2	2A
5	交流接触器	2	线圈电压 380V
6	热继电器	2	
7	按钮	3	绿色按钮为起动，红色按钮为停止
8	主电路导线	若干	BV2.5mm^2

(续)

序号	名称	数量	型号与规格
9	控制电路导线	若干	BV1.5mm^2
10	接线端子排	1	10对接线端子
11	接线端子、导轨、线槽、线号管	若干	
12	电工工具		螺钉旋具、尖嘴钳、剥线钳、打号器等
13	万用表	1	

三、安装接线与运行调试

1. 安装接线图

两台电动机顺序起动控制电路（以图2-44a为例）的安装接线图如图2-45所示。利用实训室设备，完成接线运行调试。

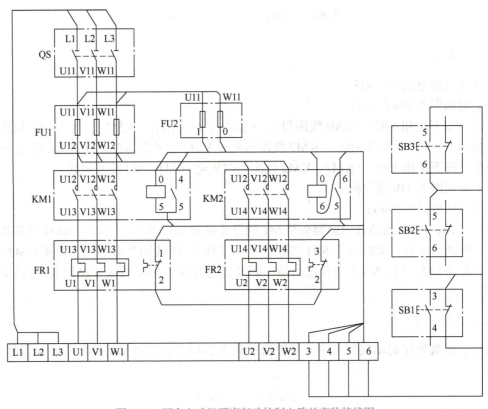

图2-45 两台电动机顺序起动控制电路的安装接线图

2. 安装接线

安装接线步骤、工艺及要注意的问题参考任务2双互锁控制电路，在此不再赘述。

3. 运行调试

（1）不通电测试 用万用表依次测量主电路、控制电路，确保不发生短路和断路。

检查主电路：用手压下接触器KM1的衔铁，从电源端（L1、L2、L3）到电动机M1出线端子（U1、V1、W1）依次测量每一相电路的电阻值；用手压下接触器KM2的衔铁，从电源端（L1、L2、L3）到电动机 M2 出线端子（U2、V2、W2）依次测量每一相电路的电阻值，检查是否存在开路，将测得电阻值依次记录在表 2-17 中。

表 2-17　不通电测试记录（主电路）

项目	主电路电阻值					
操作步骤	压住 KM1 衔铁			压住 KM2 衔铁		
	L1—U1	L2—V1	L3—W1	L1—U2	L2—V2	L3—W2
电阻值						

检查控制电路：万用表两表笔分别搭在 FU2 的两个进线端（U11、W11）上，依次按下 SB2、SB3 按钮，读数均应为对应接触器线圈的电阻值。同时按下 SB2、SB3 或同时压下接触器 KM1、KM2 的衔铁，读数应为 KM1、KM2 接触器线圈电阻的并联值。将测得的电阻值依次记录在表 2-18 中。

表 2-18　不通电测试记录（控制电路）

项目	控制电路两端电阻值（U11—W11）			
操作步骤	按下 SB2	按下 SB3	同时按下 SB2、SB3	同时压下 KM1、KM2 的衔铁
电阻值				

（2）通电测试　检查确认无误后，安装电动机，连接保护接地线和外部导线，在教师的监护下按照表 2-19 通电顺序运行，观察电动机运行是否正常，并将测试结果记录在表 2-19 中。

表 2-19　通电测试记录

操作步骤	合上 QS	按下 SB3	按下 SB2	按下 SB3	按下 SB1	再次按下 SB2	再次按下 SB1
电动机动作或接触器吸合情况							

（3）故障排查　在操作过程中，如果出现运行不正常的现象，应立即切断电源，根据故障现象分析查找故障原因，仔细检查电路，排除故障。需在教师允许的情况下才能再次通电测试。

（4）断电结束　通电测试完毕，务必切断电源。

任务评价

电动机顺序起动控制电路的任务评价表同表 2-6。

任务拓展

1）在本次课的基础上，完成主电路实现的两台电动机顺序控制线路设计。
2）完成一台电动机的两地控制线路设计。
任务要求：
①完成在两地对一台电动机起停控制。
②完成主电路、控制电路原理图、安装接线图绘制。
③利用实训室设备，完成接线及运行调试。

任务5 三相异步电动机减压起动控制

▶ 学习任务单

"三相异步电动机减压起动控制"学习任务单见表2-20。

表2-20 "三相异步电动机减压起动控制"学习任务单

项目2	三相异步电动机的电气控制	学时	
任务5	三相异步电动机减压起动控制	学时	
任务描述	本次任务目标是完成Y-△减压起动控制安装和调试。控制要求如下： 1. 按下起动按钮，电动机定子绕组星形联结，电动机减压起动 2. 5s后，起动完成，电动机定子绕组自动转换到三角形联结，电动机稳定运行 3. 按下停止按钮，电动机停止运行 4. 系统具有必要的欠电压、过电压、短路和过载保护措施		
任务流程	分析控制要求→绘制原理图→绘制接线图→准备元器件→安装接线→线路检测→通电试车→验收评价		

▶ 任务引入

三相笼型异步电动机采用全压起动，控制电路简单、可靠、经济，但电动机的起动电流为额定电流的4～7倍，过大的起动电流一方面会造成电网电压显著下降，直接影响位于同一电网工作的其他电动机及用电设备正常运行，另一方面电动机频繁起动会严重发热加速线圈老化，缩短电动机的寿命，所以大容量电动机（大于10kW）必须采用减压起动的方法以限制起动电流。

所谓减压起动，就是利用某些设备或者采用电动机定子绕组换接的方法，降低起动时加在电动机定子绕组上的电压，而起动后再将电压恢复到额定值，使之在正常电压下运行。因为电枢电流和电压成正比，所以降低电压可以减小起动电流，不致在电路中产生过大的电压降，减少对电路电压的影响。不过，因为电动机的电磁转矩与端电压平方成正比，所以减压起动使电动机的起动转矩也减小了。三相笼型异步电动机常用的减压起动方式有定子串电阻（或电抗）、星形-三角形（Y-△）变换、自耦变压器及延边三角形减压起动等，控制线路结构简单、使用方便，适用于电动机空载或轻载状态下的起动。

▶ 知识学习

继电器是一种根据外界输入信号来控制电路通断的自动切换电器。其输入信号可以是电压、电流等电量，也可以是时间、转速、温度和压力等非电量。而输出则是触点的动作或电路参数的变化。

随着现代高科技的发展，应用越来越广泛，不断出现高性能、高可靠性和新结构的新型继电器。继电器种类繁多。按用途分：有控制继电器和保护继电器；按动作原理分：有电磁式继电器、电动式继电器、电子式继电器和热继电器等；按输入信号划分：有时间、电流、电压、温度、速度和压力继电器等；按输出形式分：有无触点和有触点继电器等。

一、时间继电器

从得到输入信号（线圈的通电或断电）开始，经过一定的延迟后才输出信号（触点的闭合或断开）的继电器，称为时间继电器。

时间继电器的种类很多，按其动作原理可分为直流电磁式、空气阻尼式和晶体管时间继电器等。按触点延时方式可分为通电延时型和断电延时型。

1. 直流电磁式时间继电器

在直流电磁式电压继电器的铁心上增加一个阻尼铜套，即可构成时间继电器。其铁心结构图如图 2-46 所示。当继电器吸合时，由于衔铁处于释放位置，气隙大、磁阻大、磁通小，铜套阻尼作用也小，因此铁心吸合时的延时不显著，一般可忽略不计，当继电器断电时，磁通量的变化大，铜套的阻尼作用也大。因此，这种继电器仅用作断电延时，其延时动作触点有延时打开动断触点和延时闭合动合触点两种。

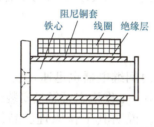

图 2-46 带有阻尼铜套的铁心结构图

电磁式时间继电器结构简单、可靠性高、寿命长。其缺点是仅能获得断电延时、延时精度不高且延时时间短，最长不超过 5s。常用产品有 JT3 和 JT18 系列。

2. 空气阻尼式时间继电器

空气阻尼式时间继电器是利用空气阻尼的作用而达到延时的目的。它由电磁机构、延时机构和触点系统组成。其电磁机构为直动式双 E 型铁心，触点系统借用 LX5 微动开关，延时机构采用气囊式阻尼器，其实物如图 2-47a 所示。延时方式有通电延时型（如图 2-47b 所示）和断电延时型（如图 2-47c 所示），电磁机构可以有交、直流两种。现以通电延时型时间继电器为例介绍其工作原理。

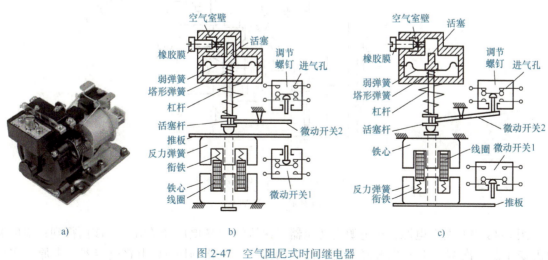

图 2-47 空气阻尼式时间继电器
a) 实物　b) 通电延时型　c) 断电延时型

当线圈通电后，衔铁吸合，微动开关 1 受压其触点动作无延时，活塞杆在塔形弹簧的作用下带动活塞及橡胶膜向上移动，但由于橡胶膜下方气室空气稀薄，形成负压，因此活塞杆只能缓慢地向上移动，其移动的速度视进气孔的大小而定，可通过调节螺钉进行调整。经过一定的延时后，活塞杆才能移动到最上端。这时通过杠杆压动微动开关 2，使其动断触点断开，动合触点闭合，起到通电延时作用。

当线圈断电时，电磁吸力消失，衔铁在反力弹簧的作用下释放，并通过活塞杆将活塞推向下端，这时橡胶膜下方气室内的空气通过橡胶膜、弱弹簧和活塞的肩部所形成的单向阀，迅速地从橡胶膜上方的气室缝隙中排掉，微动开关 1、2 能迅速复位，无延时。

断电延时型时间继电器的结构、工作原理与通电延时型类似，只是电磁铁安装方向不同。即当衔铁吸合时推动活塞复位，排出空气。当衔铁释放时活塞杆在弹簧作用下使活塞向下移动，实现断电延时。

空气阻尼式时间继电器具有结构简单、调整简便、价格低廉和寿命长的优点，得到广泛的应用。但其延时精度较低，一般应用于要求不高的场合。常用的产品有 JS7-A、JS23 等系列。

3. 晶体管时间继电器

随着电子技术的发展，晶体管时间继电器也迅速发展。这类时间继电器体积小、延时范围大、精度高、寿命长、消耗功率小、工作稳定可靠且安装维护方便，目前得到广泛的应用。

现以 JS 系列时间继电器为例，说明其工作原理。晶体管时间继电器外形及原理图如图 2-48 所示。

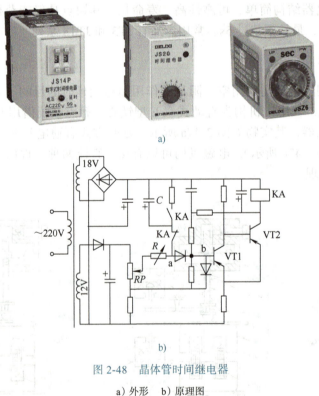

图 2-48 晶体管时间继电器

a) 外形 b) 原理图

图 2-48 中有两个电源，主电源由变压器二次侧的 18V 电压经整流、滤波而得到；辅助电源由变压器二次侧的 12V 电源经整流、滤波得到。本电路利用 RC 电路电容器充电原理实现延时。

工作原理：当电源变压器接通，VT1管导通，VT2管截止，继电器KA不动作。两个电源分别向电容C充电，a点电位按指数规律上升。当a点电位高于b点电位时，VT1管截止，VT2管导通，VT2管集电极电流流过KA的线圈，KA触点转换输出信号。图中KA的动断触点断开充电电路，动合触点闭合，使电容放电，为下一次充电做准备。调节电位器RP的值，就可改变延时时间大小。此电路延时范围可达到0.2～300s。

常用的晶体管时间继电器有JSJ、JS20、JSS、JSB、JS14、JSZ7等系列。

4. 时间继电器的选用

时间继电器形式多样，各具特点，选择时应从以下几方面考虑：

1）根据控制电路中对延时触点的要求来选择延时方式，即通电延时型或断电延时型。
2）根据延时准确度要求和延时长短要求来选择。
3）根据使用场合、工作环境选择。对于电源电压波动大的场合可选用空气阻尼式或电动式时间继电器，电源频率不稳的场合不宜选用电动式时间继电器，环境温度变化大的场合不宜选用空气阻尼式和晶体管时间继电器。

时间继电器图形及文字符号如图2-49所示。

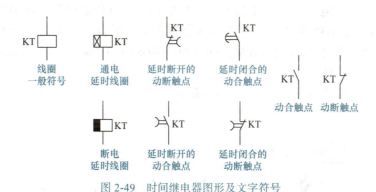

图2-49 时间继电器图形及文字符号

二、电流继电器

电流继电器属于电磁式继电器，其工作原理和电磁式接触器相同，结构也相似，由电磁机构和触点系统组成。主要区别：继电器和接触器相比用于切换小电流的控制电路和保护电路，故继电器没有灭弧装置，也无主、辅触点之分；而接触器是用来控制大电流电路的，其主触头上装有相应的灭弧装置。常用的电磁式继电器有电流继电器、电压继电器和中间继电器。

电流继电器反映的是电流信号。在使用时电流继电器的线圈和被保护的设备串联，其线圈匝数少而线径粗，阻抗小，分压小，不影响电路正常工作。常用的有欠电流继电器和过电流继电器两种。

欠电流继电器在正常工作时，衔铁是吸合的，只有当电流降到某一数值时（一般为额定电流的20%～30%），继电器释放，输出信号，起欠电流保护作用。

过电流继电器在正常工作时不动作，当电流超过某一整定值时继电器吸合动作，对电路起到过电流保护作用。

电流继电器的外形及电气符号如图2-50所示。

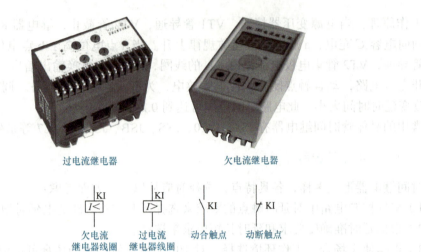

图 2-50　电流继电器的外形及电气符号

三、电压继电器

电压继电器反映的是电压信号。使用时电压继电器的线圈与负载并联，其线圈匝数多而线径细。常用的有过电压、欠电压和零电压继电器。过电压继电器在电路电压为额定电压的 105%～120% 以上时吸合动作；欠电压继电器正常时吸合，当电路电压减小到额定值的 30%～50% 时释放；零电压继电器在电路电压降到额定值的 5%～25% 时释放。它们分别用作过电压、欠电压和零电压保护。

电压继电器的外形及电气符号如图 2-51 所示。

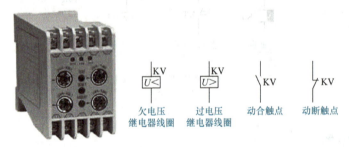

图 2-51　电压继电器的外形及电气符号

四、中间继电器

中间继电器实质是一种电压继电器，它的特点是触点数目较多，触点容量较大，可起到中间扩展触点数或触点容量的作用。

JZ15-44 中间继电器有 4 对动合触点，4 对动断触点。中间继电器的外形及电气符号如图 2-52 所示。

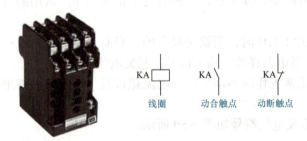

图 2-52　中间继电器的外形及电气符号

》任务实施

一、识读电气原理图

星形-三角形减压起动用于定子绕组在正常运行时接为三角形的电动机。在电动机起动时将定子绕组接成星形,实现减压起动,正常运转时再换接成三角形接法。由电工基础知识可知,星形联结时起动电流仅为三角形联结时的 1/3,相应的起动转矩也是三角形联结时的 1/3。图 2-53 是星形-三角形减压起动控制电路。

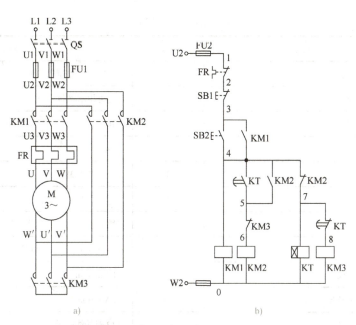

图 2-53 星形-三角形减压起动控制电路
a) 主电路 b) 控制电路

图中主电路由三组接触器主触头分别将电动机的定子绕组接成三角形和星形,即 KM1、KM3 主触头闭合时,绕组接成星形;KM1、KM2 主触头闭合时,接为三角形。两种接线方式的切换要在很短的时间内完成,在控制电路中采用时间继电器定时自动切换。

扫码观看动画演示:
星-三角减压起动控制

电路的工作过程介绍如下。

先接通三相电源开关 QS。

起动:按下起动按钮 SB2 → ┬→ KM1 线圈得电 → ①
                          ├→ KM3 线圈得电 → ②
                          └→ KT 线圈得电 → ③

① ②} KM1、KM3 主触头闭合,电动机接成星形,减压起动。

③ → 延时一定时间 → ┬→ 触点 KT(7-8)断开 → KM3 线圈失电 ┐
                   └→ 触点 KT(4-5)闭合 → KM2 线圈得电 ┘→ 电动机接成三角形。

与此同时,触点 KM2(4-7)断开→KT 线圈失电释放。

停止:按下 SB1→KM1、KM2 线圈失电→电动机停止运转。

星形-三角形减压起动方式的设备简单经济,起动过程中没有电能消耗,起动转矩较小而只能空载或轻载起动,只适用于正常运行时为三角形联结的电动机。新型 Y 系列 4kW 以上容量的电动机额定电压规定为 380V、三角形联结,就是为了适用星形-三角形减压起动而设计的。

二、检测元器件

星形-三角形减压起动控制电路元器件清单见表 2-21。

表 2-21 元器件清单

序号	名称	数量	型号与规格
1	三相异步电动机	1	3kW 以下小型电动机
2	三极刀开关	1	也可用断路器
3	主电路熔断器	3	10A
4	控制电路熔断器	2	2A
5	交流接触器	3	线圈电压 380V
6	热继电器	1	
7	时间继电器	1	数显
8	按钮	2	绿色按钮为起动,红色按钮为停止
9	主电路导线	若干	BV2.5mm^2
10	控制电路导线	若干	BV1.5mm^2
11	接线端子排	1	12 对接线端子
12	接线端子、导轨、线槽、线号管	若干	
13	电工工具	1 套	螺钉旋具、尖嘴钳、剥线钳、打号器等
14	万用表	1	

三、安装接线与运行调试

1. 安装接线图

星形-三角形减压起动控制电路安装接线图如图 2-54 所示。

2. 安装接线

安装接线步骤、工艺参考本项目之前任务相关内容,在此不再赘述。

主要注意事项如下:

1)星形-三角形减压起动的电动机必须有 6 个出线端子,且定子绕组在三角形联结时的额定电压为 380V。

2)接线时要保证电动机三角形联结的正确性,即接触器 KM2 主触头闭合时应保证定子绕组的 U1 与 W2、V1 与 U2、W1 与 V2 相连接。

3)要特别注意接触器 KM3 的进线引入,接线要保证 KM3 吸合时不会发生三相电源短路事故。

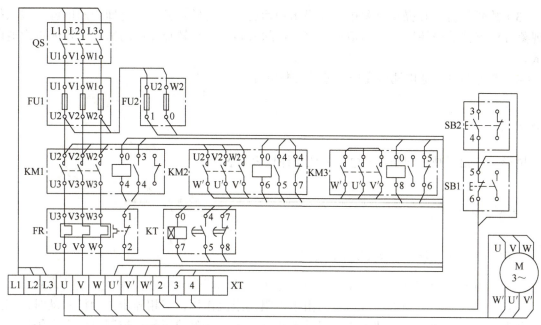

图 2-54　星形 – 三角形减压起动控制电路安装接线图

3. 运行调试

（1）不通电测试　用万用表依次测量主电路、控制电路，确保不发生短路和断路。

检查主电路：用手依次压下接触器 KM1、KM2、KM3 的衔铁代替接触器得电吸合时的情况，从电源端（L1、L2、L3）到电动机出线端子依次测量每一相电路的电阻值，检查是否存在开路，将测得电阻值依次记录在表 2-22 中。

检查控制电路：万用表两表笔分别搭在 FU2 的两个进线端（U2、W2）上，按下 SB2 按钮，读数应为接触器 KM1、KM3、KT 线圈的电阻的并联值；压下接触器 KM1 的衔铁，读数也应为接触器 KM1、KM3、KT 线圈的电阻的并联值；同时压下接触器 KM1 和 KM2 的衔铁，读数应为接触器 KM1、KM2 线圈电阻的并联值。将测得的电阻值依次记录在表 2-22 中。

表 2-22　不通电测试记录

项目	主电路									控制电路两端（U2—W2）		
操作步骤	压下 KM1 衔铁			压下 KM2 衔铁			压下 KM3 衔铁			按下 SB2	压下 KM1 衔铁	压下 KM1、KM2 衔铁
	L1—U1	L2—V1	L3—W1	L1—W2	L2—U2	L3—V2	U2—V2	V2—W2	W2—U2			
电阻值												

（2）通电测试　检查确认无误后，安装电动机，连接保护接地线和外部导线，在教师的监护下按照表 2-23 通电顺序测试电路各项功能，观察电动机运行是否正常，并将测试结果记录在表 2-23 中。

表 2-23　通电测试记录

操作步骤	合上 QS	按下 SB1	按住 SB2	松开 SB2	再次按下 SB1
电动机动作或接触器吸合情况					

（3）故障排查　在操作过程中，如果出现运行不正常的现象，应立即切断电源，根据故障现象分析查找故障原因，仔细检查电路，排除故障。需在教师允许的情况下才能再次通电测试。

（4）断电结束　通电测试完毕，务必切断电源。

任务评价

星形-三角形减压起动控制电路的任务评价表同表2-6。

任务拓展

1.定子串电阻减压起动控制电路

定子串电阻减压起动控制电路是由三相定子绕组串联分压电阻实现减压起动，起动结束后再将电阻短接，使电动机全压运行。由于电阻的限流作用，三相异步电动机起动时，利用串联电阻分压，降低绕组起动电压和起动电流。定子串电阻减压起动控制电路有定子绕组不受电动机接线形式的限制、控制电路简单等优点。

图2-55为定子串电阻减压起动控制电路。为了在电动机串电阻起动完成之后，将电压恢复到额定值使之全压运行，电路中加入了时间继电器。因此，图2-55所示的电路又称为自动短接电阻减压起动电路。在这个电路中依靠时间继电器延时动作来控制各元件的动作顺序。

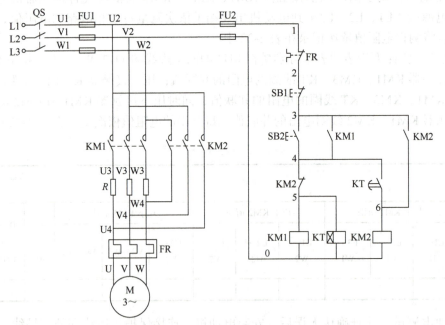

图2-55　定子串电阻减压起动控制电路

图2-55中主电路部分KM1为起动接触器，KM2为运行接触器。

电路的工作过程介绍如下。

先接通三相电源开关QS。

起动：按下SB2→KM1、KT线圈得电→KM1辅助动合触点闭合自锁→KM1主触头闭合使电动机定子绕组串入电阻R减压起动。

全压运行:在 KM1 线圈得电的同时,KT 线圈得电,其延时闭合的动合触点使接触器 KM2 不能立即得电→经一段延时后 KT 动合触点闭合使 KM2 线圈得电→KM2 主触头闭合(R 被短路)→电动机全压运转。

停止:按下 SB1→控制电路断电→KM1、KM2、KT 均释放→电动机断电停止。

定子串电阻减压起动方式设备较简单,星形和三角形联结的电动机都适用。但需要串接较大的电阻才能得到一定的电压降,这就消耗了大量的电能。

2. 自耦变压器减压起动控制

自耦变压器减压起动是利用自耦变压器来降低起动时的电压,达到限制起动电流的目的。自耦变压器各相绕组一般有 80%、65% 两组抽头,对应的起动电流和起动转矩是全压起动的 64% 和 42%。要选用和电动机容量相当的自耦变压器,起动时,自耦变压器初级接在电源电压上,次级接在电动机的定子绕组上,当电动机的转速达到一定值时,将自耦变压器从电路中切除,此时电动机直接与电源相接,在正常电压下运行。图 2-56 为自耦变压器减压起动的控制电路。

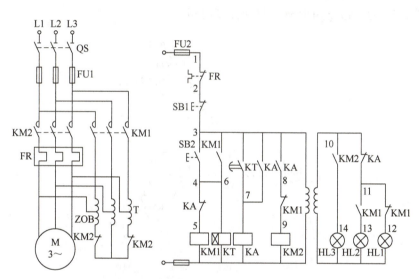

图 2-56 自耦变压器减压起动的控制电路

图 2-56 中 KM1 为减压起动接触器,KM2 为运行接触器,KA 为中间继电器,KT 为减压起动时间继电器。HL1 为电源指示灯,HL2 为减压起动指示灯,HL3 为正常运行指示灯。

电路的工作过程介绍如下。

先接通三相电源开关 QS,HL1 亮。

起动:按下起动按钮 SB2 → ┬→ KM1 线圈得电 → ①
　　　　　　　　　　　　　└→ KT 线圈得电 → ②

①自耦变压器 T 接入,减压起动,HL1 灭,HL2 亮。

②延时一段时间后→触点 KT(3-7)闭合→KA 线圈得电并自锁→触点 KA(4-5)断开→KM1 线圈失电释放→自耦变压器 T 切除;在触点 KA(4-5)断开的同时,触点 KA(10-11)断开→HL2 灭;而触点 KA(3-8)闭合→KM2 线圈得电→触点 KM2(10-14)闭合,HL3 亮,电动机全压运行。

停止:按下 SB1 → KM2 线圈失电→电动机停止运转。

自耦变压器减压起动方式适用于大容量电动机,特别适用于正常运行星形联结的电动机。

通常自耦变压器制成可调形式，改变变比 K_u 值可适应不同的需要。它比串电阻减压起动效果要好，但所需设备体积重量大、投资高。工厂还常采用成品的补偿减压起动器（简称补偿器），用补偿器操纵手柄实现补偿起动的自动操作。

3. 延边三角形减压起动控制

延边三角形减压起动方式是在起动时将电动机定子绕组连接成延边三角形，以减小起动电流，待起动完毕再将定子绕组连接成三角形全压运行。该方法适用于定子绕组特别设计的异步电动机，这种电动机共有九个出线端，各相绕组的出线端分别为 U1、U2、U3 与 V1、V2、V3 及 W1、W2、W3。其中 U1、V1、W1 为首端；U3、V3、W3 为尾端；U2、V2、W2 为各相绕组的抽头，延边三角形起动定子绕组接线图如图 2-57 所示。当 KM1、KM2 触点闭合、KM3 触点断开时，U2U3、V2V3、W2W3 接成一个三角形；三角形的各结点再经 U1U2、V1V2、W1W2 延伸出去，构成延边三角形接到电源上。当 KM2、KM3 触点闭合，KM1 触点断开时，U1U3、V1V3、W1W3 连接成三角形接于电源。即起动时将定子绕组的一部分连接成星形，而另一部分连接成三角形；在起动结束后，再换成三角形接法，使电动机在正常电压下运行。图 2-58 为延边三角形减压起动控制电路。

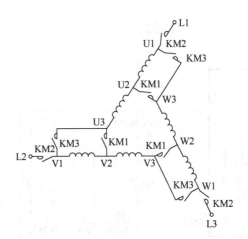

图 2-57　延边三角形起动定子绕组接线图

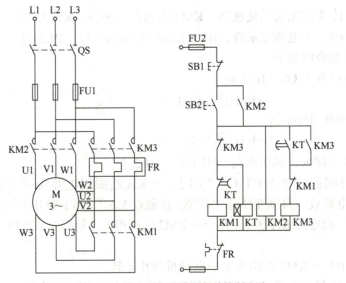

图 2-58　延边三角形减压起动控制电路

图 2-58 中 KM1 为延边三角形联结接触器，KM2 为电路接触器，KM3 为三角形联结接触器，KT 为起动时间继电器。

起动过程介绍如下。

先接通三相电源开关 QS。

①
② } 电动机定子接成延边三角形减压起动。

③→延时一定时间后→KT 延时断开动断触点断开→KM1 线圈失电释放；与此同时，KT 延时闭合动合触点闭合→KM3 线圈得电吸合并自锁，且接触器 KM1 与 KM3 之间设有电气互锁，此时电动机转入正常运行。

停止：按下 SB1 → KM2、KM3 线圈失电→电动机停止运转。

延边三角形减压起动方式的起动转矩比星形 – 三角形起动大，其结构又比自耦变压器减压起动简单，且克服了自耦变压器不能频繁起动的缺点。但要求电动机有多个抽头，制造工艺较复杂。

4. 笼型异步电动机起动方式小结

以上介绍了笼型异步电动机的直接起动和减压起动控制。一般容量小于 10kW 的电动机常用直接起动。有时为了减小起动时对机械设备的冲击，对允许直接起动的电动机往往也采用减压起动。三相笼型异步电动机减压起动的方法有定子绕组串电阻（电抗器）、丫 – △ 联结、延边三角形和使用自耦变压器起动等。笼型异步电动机起动方法及特点见表 2-24。

表 2-24 笼型异步电动机起动方法及特点

起动方法	使用场合	特点
直接起动	电动机容量小于 10kW	不需起动设备，起动电流大
定子串电阻起动	电动机容量不大，起动不频繁且要求平稳	起动转矩增加较大，加速平滑，电路简单，电阻损耗大
丫 – △ 起动	电动机正常工作为 △ 联结，轻负载起动	起动电流、转矩较小
延边三角形起动	电动机正常工作为 △ 联结，要求起动转矩较大	起动电流、转矩较丫 – △ 起动大，电动机接线复杂
自耦变压器起动	电动机容量较大，要求限制对电网冲击电流	起动转矩大，加速平稳，损耗低，设备较庞大，成本高

三相异步电动机所采用的减压起动方式的实质，都是在电源电压不变的条件下，设法降低定子绕组的电压，以减小起动电流。它们都是在起动时定子绕组为某一种连接方式，再用时间继电器自动地转换为另一种连接方式全压运行。

上述几种减压起动方式一般只适用于空载或轻载起动，对于需要满载或重载起动的情况，则应采用高起动转矩的特殊电动机。

任务6　三相异步电动机制动控制

▶ 学习任务单

"三相异步电动机制动控制"学习任务单见表2-25。

表2-25　"三相异步电动机制动控制"学习任务单

项目2	三相异步电动机的电气控制	学时	
任务6	三相异步电动机制动控制	学时	
任务描述	本任务完成三相异步电动机能耗制动控制电路安装、运行和调试。控制要求： 1. 按下正转按钮，电动机能连续运转 2. 按下停止按钮，电动机能耗制动 3. 系统具有必要的欠电压、过电压、短路和过载保护措施		
任务流程	分析控制要求→绘制原理图→绘制接线图→准备元器件→安装接线→线路检测→通电试车→验收评价		

▶ 任务引入

在生产过程中，有些设备电动机断电后由于惯性作用，停机时间拖得很长，影响生产率，还会造成停机位置不准确，工作不安全。为了缩短辅助工作时间，提高生产率和获得准确的停机位置，必须对电动机采取有效的制动措施。

停机制动有两种类型：一是电磁铁操纵机械进行制动的电磁机械制动；二是电气制动，使电动机产生一个与转子原来的转动方向相反的力矩来进行制动。常用的电气制动有能耗制动和反接制动。

▶ 知识学习

1. 桥式整流电路

能耗制动电路中用到的直流电源是通过桥式整流电路实现的，如图2-59所示。

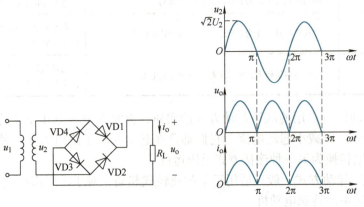

图2-59　桥式整流电路

当 u_2 正半周时,电源上正下负,二极管 VD1、VD3 导通(VD2、VD4 截止),自电源上端流过 VD1、R_L、VD3 到电源下端,它是自上而下流过负载 R_L。当 u_2 负半周时,电源上负下正,二极管 VD2、VD4 导通(VD1、VD3 截止),电流自电源下端流过 VD2,也是自上而下流过负载 R_L 后,经过 VD4 到电源上端,这样在 u_2 的整个周期内都有方向不变的电流 i_o 流过负载 R_L,于是负载得到全波脉动直流电压 u_o。

2. 速度继电器

速度继电器主要用于笼型异步电动机的反接制动控制,也称反接制动继电器,如图 2-60 所示。

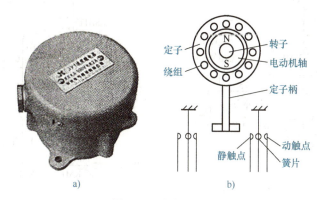

图 2-60 速度继电器

a) 速度继电器外形 b) 结构示意图

速度继电器由定子、转子和触点三部分组成。定子的结构与笼型异步电动机相似,是一个笼型空心圆环,由硅钢片冲压而成,并装有笼型绕组,转子是一块永久磁铁。速度继电器的轴与电动机的轴相连接。转子固定在轴上,定子与轴同心。

工作原理:当电动机转动时,速度继电器的转子随之转动,绕组切割磁场产生感应电动势和电流,此电流和永久磁铁的磁场作用产生转矩,定子向轴的转动方向偏摆,通过定子柄拨动触点,使动断触点断开,使动合触点闭合。当电动机转速下降到接近零时,转矩减小,定子柄在弹簧力的作用下恢复原位,触点也复原。

速度继电器有两组触点(各有一对动合触点和一对动断触点),可分别控制电动机正反转的反接制动。常用的速度继电器有 JY1 型和 JFZ0 型。

速度继电器的图形及文字符号如图 2-61 所示。

图 2-61 速度继电器的图形及文字符号

继电器的种类繁多,除上述介绍的继电器之外,还有压力继电器、温度继电器、光电继电器、固态继电器和干簧继电器等许多品种。

▶任务实施

一、识读电气原理图

能耗制动也称为动力制动。原理是当三相感应电动机脱离三相交流电源后,迅速在定子绕组上加一直流电源，使定子绕组产生恒定的磁场。此时电动机转子在惯性作用下继续旋转，切割定子恒定磁场，在转子中产生感应电流。这个感应电流使转子产生与其旋转方向相反的电磁转矩，该转矩是一个制动转矩，使电动机转速迅速下降至零。图 2-62 为时间原则能耗制动控制电路。

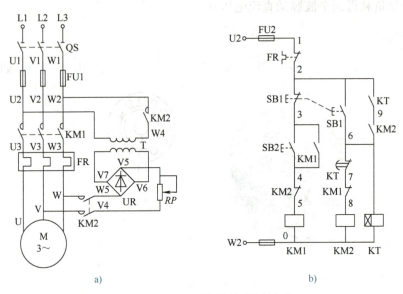

图 2-62　时间原则能耗制动控制电路

a）主电路　b）控制电路

电路的构成介绍如下。

主电路：接触器 KM1 控制电动机 M 正常运转，接触器 KM2 用来实现能耗制动。KT 为时间继电器，T 为整流变压器，UR 为桥式整流电路。

扫码观看动画演示：电动机能耗制动控制电路

控制电路：同样由两条控制回路组成。一条是控制 M 正常运转的回路，另一条是控制 M 能耗制动的回路。

电路的工作过程介绍如下。

起动：按下 SB2 → KM1 线圈得电 → M 开始转动，同时 KM1 辅助动合触点闭合自锁，KM1 辅助动断触点断开，进行互锁。M 处于正常运转。

制动：按下复合按钮 SB1 → KM1 线圈失电 → 电动机 M 脱离三相交流电源，同时其动合触点使 KM2、KT 线圈得电 → KM2 主触头闭合 → 接入直流电源进行制动 → 转速接近零时，KT 延时时间到 → KT 延时断开的动断触点断开 → KM2、KT 线圈失电，制动过程结束。

该电路中，将 KT 动合瞬动触点与 KM2 自锁触点串联，是考虑时间继电器线圈断线或其他故障，致使 KT 的延时断开动断触点打不开而使 KM2 线圈长期得电，造成电动机定子长期通入直流电源。引入 KT 动合瞬动触点后，则避免了上述故障的发生。

能耗制动平稳、准确度高且能量消耗少，但制动转矩较弱，特别在低速时制动效果差，并且需要提供直流电源，设备投入费用高。实际使用中，应根据设备的工作要求选用合适的制动方法。

二、检测元器件

能耗制动控制电路元器件清单见表 2-26。

表 2-26 元器件清单

序号	名称	数量	型号与规格
1	三相笼型异步电动机	1	3kW 以下小型电动机
2	三极刀开关	1	也可用断路器
3	主电路熔断器	3	10A
4	控制电路熔断器	2	2A
5	交流接触器	2	线圈电压 380V
6	热继电器	1	
7	按钮	2	绿色按钮为起动，红色按钮为停止
8	时间继电器	1	数字显示
9	变压器	1	
10	能耗制动板	1	
11	能耗制动电阻		
12	主电路导线	若干	BV2.5mm²
13	控制电路导线	若干	BV1.5mm²
14	接线端子排	1	10 对接线端子
15	接线端子、导轨、线槽、线号管	若干	
16	电工工具	1 套	螺钉旋具、尖嘴钳、剥线钳、打号器等
17	万用表	1	

三、安装接线与运行调试

1. 安装接线图

能耗制动控制电路安装接线图如图 2-63 所示。

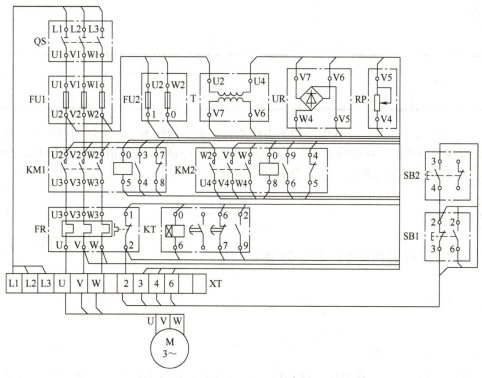

图 2-63 能耗制动控制电路安装接线图

— 77 —

2. 安装接线

安装接线步骤、工艺与本项目前面任务相同，在此不再赘述。

主要注意事项如下：

1) 时间继电器的整定时间不能调得太长，以免制动时间过长引起电动机定子绕组发热。
2) 制动时要将停止按钮 SB1 按到底，制动电路才能起作用。

3. 运行调试

（1）不通电测试　用万用表依次测量主电路、控制电路，确保不发生短路和断路。

检查主电路：用手压下接触器 KM1 的衔铁代替接触器得电吸合时的情况，从电源端（L1、L2、L3）到电动机出线端子（U、V、W）依次测量每一相电路的电阻值，检查是否存在开路，将测得电阻值依次记录在表 2-27 中。

检查控制电路：将万用表两表笔分别搭在 FU2 的两个进线端（U2、W2）上，按下 SB2 按钮，读数应为接触器 KM1 线圈的电阻值；压下接触器 KM1 的衔铁，读数也应为接触器 KM1 线圈的电阻值。按下停止按钮 SB1，读数应为接触器 KM1 和时间继电器 KT 两个线圈电阻的并联值；压下接触器 KM2 的衔铁，读数也应为接触器 KM1 和时间继电器 KT 两个线圈电阻的并联值。将测得电阻值记录在表 2-27 中。

表 2-27　不通电测试记录

项目	主电路			控制电路两端（U2—W2）			
操作步骤	L1—U	L2—V	L3—W	按下 SB2	压下 KM1 衔铁	按下 SB1	压下 KM2 衔铁
电阻值							

（2）通电测试　检查确认无误后，安装电动机，连接保护接地线和外部导线，在教师的监护下按照表 2-28 通电顺序测试电路各项功能，观察电动机运行是否正常，并将测试结果记录在表 2-28 中。

表 2-28　通电测试记录

操作步骤	合上 QS	按下 SB1	按下 SB2	再次按下 SB1
电动机动作或接触器吸合情况				

（3）故障排查　在操作过程中，如果出现运行不正常的现象，应立即切断电源，根据故障现象分析查找故障原因，仔细检查电路，排除故障。需在教师允许的情况下才能再次通电测试。

（4）断电结束　通电测试完毕，务必切断电源。

》 任务评价

能耗制动控制电路的任务评价表同表 2-6。

》 任务拓展

一、反接制动控制

所谓反接制动，就是改变异步电动机定子绕组中三相电源相序，产生一个与转子惯性转动方向相反的反向起动转矩而制动停转。

反接制动的关键在于将电动机三相电源相序进行切换，且当转速下降接近于零时，能自动将电源切除。如何在电动机转速接近零时切断电源？控制电路是采用速度继电器来判断电动机的零速点并及时切断三相电源。速度继电器 KS 的转子与电动机的轴相连，当电动机正常转动（转速超过 120r/min）时，速度继电器的动合触点闭合，当电动机停车（转速低于 100r/min）时，其动合触点打开，切断接触器线圈电路。图 2-64 所示为反接制动控制电路。

电路的构成介绍如下。

主电路：接触器 KM1 控制电动机 M 正常运转，接触器 KM2 是用来改变电动机 M 的电源相序的。因电动机反接制动电流很大，所以在制动电路中串接了降压电阻 R，以限制反向制动电流。

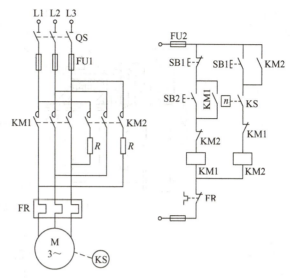

图 2-64 反接制动控制电路

控制电路：由两条控制回路组成。一条是控制 M 正常运转的回路，另一条是控制 M 反接制动的回路。

电路的工作过程介绍如下。

起动：按下 SB2→KM1 线圈得电→M 开始转动，同时 KM1 辅助动合触点闭合自锁，KM1 辅助动断触点断开，进行互锁。M 处于正常运转，KS 的动合触点闭合，为反接制动做准备。

制动：按下复合按钮 SB1→KM1 线圈失电，KM2 线圈由于 KS 的动合触点在转子惯性转动下仍然闭合而得电并自锁，电动机进入反接制动，当电动机转速接近零时，KS 的动合触点复位断开→KM2 线圈失电→制动结束停机。

反接制动的优点是制动转矩大，制动效果显著。但其制动准确性差、冲击较强烈、制动不平稳、且能量消耗大，适用于制动要求迅速、制动不频繁的场合。

二、机械制动控制

机械制动是当电动机的定子绕组断电后，利用机械装置使电动机立即停转。常用的机械制动方法有电磁离合器制动和电磁抱闸制动。

1. 电磁离合器制动

摩擦片式电磁离合器结构如图 2-65 所示，主要由励磁线圈、铁心、衔铁、摩擦片及连接件等组成。一般采用直流 24V 作为供电电源。电磁离合器电气符号如图 2-66 所示。

动作原理分析：主轴的花键轴端装有主动摩擦片，它可以沿轴向自由移动，因系花键连接，将随主轴一起转动。从动摩擦片与主动摩擦片交替装叠，其外缘凸起部分卡在与从动齿轮固定在一起的套筒内，因而从动摩擦片可以随同从动齿轮，在主轴转动时它可以不转。当线圈通电后，将摩擦片吸向铁心，衔铁也被吸住，紧紧压住各摩擦片。依靠主、从动摩擦片之间的摩擦力，使从动齿轮随主轴转动。线圈断电时，装在内外摩擦片之间的圈状弹簧使衔铁和摩擦片复原，离合器即失去传递力矩的作用。线圈一端通过电刷和集电环输入直流电，另一端可接地。

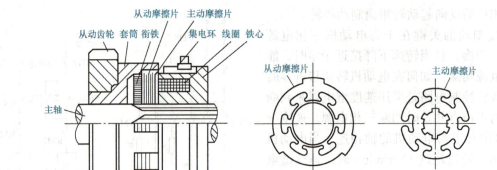

图 2-65 摩擦片式电磁离合器结构图

图 2-66 电磁离合器电气符号

作用：电磁离合器是一种自动化执行元件，它利用电磁力的作用来传递或终止机械传动中的扭矩。

2. 电磁抱闸制动

电磁抱闸制动器分为通电制动型和断电制动型两种，常用的有 MZD1 系列交流单相制动电磁铁和 TJ2 系列闸瓦制动器，如图 2-67 所示。

图 2-67 常用的电磁抱闸制动器

a) MZD1 系列交流单相制动电磁铁　b) TJ2 系列闸瓦制动器

图 2-68 为断电制动型电磁抱闸制动器的结构示意图。图 2-69 为断电制动型电磁抱闸制动器的工作原理示意图。图 2-70 为断电制动型电磁抱闸制动器的控制电路。

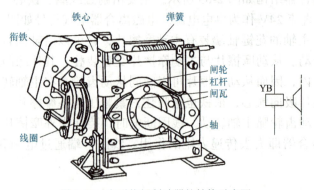

图 2-68 电磁抱闸制动器的结构示意图

项目2 三相异步电动机的电气控制

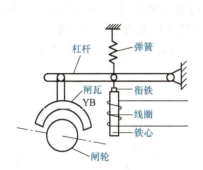

图2-69 电磁抱闸制动器的工作原理示意图

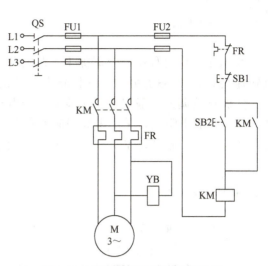

图2-70 电磁抱闸制动器的控制电路

电路的工作过程介绍如下。

起动：按下起动按钮SB2后接触器KM线圈得电自锁，主触头闭合，电磁铁线圈YB通电，衔铁吸合，使制动器的闸瓦和闸轮分开，电动机M起动运转。

制动：停车时按下停止按钮SB1后接触器KM线圈断电，自锁触头和主触头分断，使电动机和电磁铁线圈YB同时断电，衔铁与铁心分开，在弹簧拉力的作用下闸瓦紧紧抱住闸轮，电动机迅速停转。

电磁抱闸制动适用于各种传动机构的制动，多用于起重电动机的制动。

三、设计控制电路

试设计一个速度原则的电动机能耗制动控制电路，其控制要求如下：

1）按下起动按钮，电动机运转。
2）按下停止按钮时进行能耗制动。
3）由速度继电器结束制动过程。
4）具有必要的保护环节。

任务7 双速异步电动机变极调速控制

▶ 学习任务单

"双速异步电动机变极调速控制"学习任务单见表2-29。

表2-29 "双速异步电动机变极调速控制"学习任务单

项目2	三相异步电动机的电气控制	学时	
任务7	双速异步电动机变极调速控制	学时	
任务描述	本任务是实现双速异步电动机的调速控制，控制要求如下： 1. 低速控制：按下起动按钮，电动机低速运行 2. 高速控制：时间到，电动机自动切换到高速运行 3. 保护措施：系统具有必要的欠电压、过电压、短路和过载保护		
任务流程	明确控制要求→分析原理图→准备元器件→安装接线→线路检测→通电试车→验收评价		

>> 任务引入

在工业生产过程中,根据加工工艺的要求往往需要改变电动机的转速。由三相异步电动机转速公式式(1-3)可知,三相异步电动机调速方法有变极对数、变转差率和变频调速三种。变极对数调速一般仅适用于笼型异步电动机。变转差率调速可通过调节定子电压、改变转子电路中的电阻以及采用串级调速来实现。变频调速是现代电力传动的一个主要发展方向,已广泛应用于工业自动控制中。本任务主要完成笼型异步电动机的变极调速控制电路。

>> 知识学习

变极调速是通过接触器触头来改变电动机绕组的接线方式,以获得不同的极对数来达到调速目的。变极电动机一般有双速、三速和四速之分,双速电动机定子装有一套绕组,而三速、四速电动机则为两套绕组。双速电动机定子绕组常用的接线方式有△-ΥΥ接法和Υ-ΥΥ接法两种。图2-71所示为三角形(四极,低速)与双星形(二极,高速)双速电动机定子绕组△-ΥΥ接法。

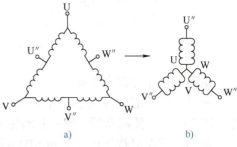

图 2-71 4极/2极双速电动机定子绕组△-ΥΥ接法

△-ΥΥ接线方式的定子绕组接成三角形,三根电源线接在接线端U、V、W上,从每相绕组的中点引出接线端U″、V″、W″,这样定子绕组共有六个出线端,通过改变这六个出线端与电源的连接方式,就可以得到不同的转速。

图2-71a将绕组的U、V、W三个端接三相电源,将U″、V″、W″三个端悬空,三相定子绕组接成三角形。这时每一相的两个半绕组串联,电动机以四极运行,为低速。图2-71b将U″、V″、W″三个端接三相电源,将U、V、W连成一点,三相定子绕组接成双星形,这时每一相的两个半绕组并联,电动机以二极运行,为高速。

图2-72所示为星形(四极,低速)与双星形(二极,高速)双速电动机定子绕组Υ-ΥΥ接法。Υ-ΥΥ接线方式的定子绕组接成星形。图2-72a将绕组的U、V、W三个端接三相电源,将U″、V″、W″三个端悬空,三相定子端组接成星形。这时每一相的两个半绕组串联,电动机以四极运行,为低速。图2-72b将U″、V″、W″三个端接三相电源、将U、V、W连成一点,三相定子绕组接成双星形。这时,每相的两个半绕组并联,电动机以二极运行,为高速。

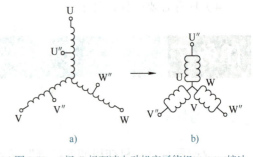

图 2-72 4极/2极双速电动机定子绕组Υ-ΥΥ接法

必须注意,当电动机改变磁极对数进行调速时,为保证调速前后电动机旋转方向不变,在主电路中必须交换电源相序。

>> 任务实施

一、识读电气原理图

图2-73为双速电动机变极调速控制电路。图中KM1为电动机三角形联结接触器,KM2、

KM3 为电动机双星形联结接触器，KT 为电动机低速换高速时间继电器。当接触器 KM1 主触头闭合，KM2、KM3 主触头断开时，三相电源从接线端 U、V、W 进入双速电动机定子绕组中，双速电动机绕组接成三角形联结，以四极运行，为低速。当接触器 KM1 主触头断开，KM2、KM3 主触头闭合时，三相电源从接线端 U″、V″、W″ 进入双速电动机定子绕组，双速电动机定子绕组接成双星形联结，以二极运行，为高速。

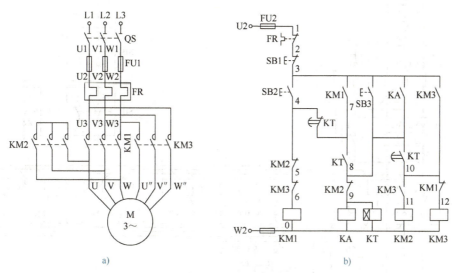

图 2-73 双速电动机变极调速控制电路

a）主电路 b）控制电路

二、检测元器件

双速电动机调速控制电路元器件清单见表 2-30。

表 2-30 元器件清单

序号	名称	数量	型号与规格
1	双速三相笼型异步电动机	1	3kW 以下小型电动机
2	三极刀开关	1	也可用断路器
3	主电路熔断器	3	10A
4	控制电路熔断器	2	2A
5	交流接触器	3	线圈电压 380V
6	热继电器		
7	时间继电器	1	
8	按钮	2	绿色按钮为起动，红色按钮为停止
9	开关	1	
10	主电路导线	若干	BV2.5mm^2
11	控制电路导线	若干	BV1.5mm^2
12	接线端子排	1	10 对接线端子
13	接线端子、导轨、线槽、线号管	若干	
14	电工工具	1 套	螺钉旋具、尖嘴钳、剥线钳、打号器等
15	万用表	1	

三、安装接线与运行调试

1. 安装接线图

双速电动机变极调速控制电路安装接线图如图2-74所示。

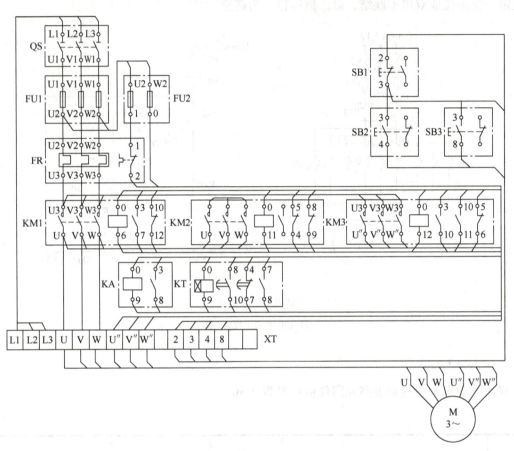

图 2-74 双速电动机变极调速控制电路安装接线图

2. 安装接线

安装接线步骤、工艺要求参考前文，在此不再赘述。

主要注意事项如下：

1）接线时要特别注意主电路中接触器KM1、KM2在两种转速下电源相序的改变，不能接错，否则两种转速下电动机的转向相反，换向时将产生很大的冲击电流。

2）通电测试前一定要反复检验电动机的接线是否正确，并测试绝缘电阻是否符合要求。

3. 运行调试

（1）不通电测试 用万用表依次测量主电路、控制电路，确保不发生短路和断路。

检查主电路：用手压下接触器KM1的衔铁代替接触器得电吸合时的情况，从电源端（L1、L2、L3）到电动机出线端子（U、V、W）依次测量每一相电路的电阻值，检查是否存在开路，将测得电阻值依次记录在表2-31中。

表 2-31 不通电测试记录

项目	主电路电阻值			控制电路两端电阻值			
操作步骤	L1—U	L2—V	L3—W	按下 SB2	压下 KM1 的衔铁	按下 SB3	同时压下 KM2、KM3 的衔铁
电阻值							

检查三角形联结低速运行控制电路：将万用表两表笔分别搭在 FU2 的两个进线端（U2、W2）上，按下 SB2 按钮，读数应为接触器 KM1 线圈的电阻值；松开 SB2 按钮，应为断路状态。压下接触器 KM1 的衔铁，读数也应为接触器 KM1 线圈的电阻值；松开接触器 KM1 的衔铁，应为断路状态。

检查双星形联结高速运行控制电路：按下高速运行起动按钮 SB3，读数应为接触器 KM2、KM3 线圈电阻并联值，松开 SB3 测得结果为断路。按下接触器 KM2、KM3 的衔铁，读数应为 KM2、KM3 线圈电阻并联值；松开接触器 KM2、KM3 的衔接，测得结果为断路。

将测得的电阻值依次记录在表 2-31 中。

（2）通电测试　检查确认无误后，安装电动机，连接保护接地线和外部导线，在教师的监护下按照表 2-32 通电顺序测试电路各项功能，观察电动机运行是否正常，并将测试结果记录在表 2-32 中。

表 2-32 通电测试记录

操作步骤	合上 QS	按下 SB1	按下 SB2	按下 SB3	再次按下 SB1
电动机动作或接触器吸合情况					

（3）故障排查　在操作过程中，如果出现运行不正常的现象，应立即切断电源，根据故障现象分析查找故障原因，仔细检查电路，排除故障。需在教师允许的情况下才能再次通电测试。

（4）断电结束　通电测试完毕，务必切断电源。

任务评价

双速电动机的变极调速控制电路的任务评价表同表 2-6。

任务拓展

1. 三相绕线转子电动机转子串电阻调速控制

为满足起重运输机械要求拖动电动机起动转矩大、速度可以调节等，常使用三相绕线转子电动机，并应用转子串电阻，用控制器来接通接触器线圈，再用相应接触器的主触头来实现电动机的正反转，短接转子电阻来实现电动机调速。图 2-75 为凸轮控制器控制电动机正反转与调速电路，图中 KM 为电路接触器，KOC 为过电流继电器，SQ1、SQ2 分别为向前、向后限位开关，QCC 为凸轮控制器。控制器左右各有 5 个工作位置，中间为零位，其上共有 9 对动合主触头，3 对动断触头。其中 4 对动合主触头接于电动机定子电路进行换相控制，用以实现电动机正反转；另 5 对动合主触头接于电动机转子电路，实现转子电阻的接入和切除，获得不同的转速，转子电阻采用不对称接法。3 对动断触头中 1 对用于实现零位保护，即控制器手柄必须置于"0"位，才可起动电动机；另 2 对动断触头与 SQ1 和 SQ2 限位开关串联实现限位保护。读者可自行分析电路工作原理。

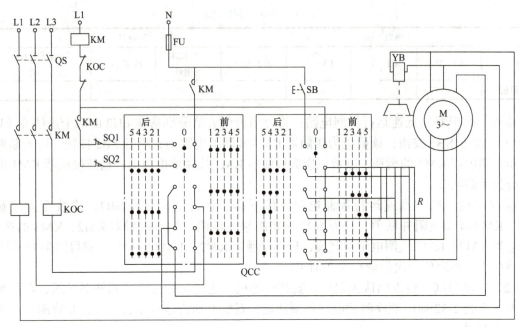

图 2-75 凸轮控制器控制电动机正反转与调速电路

2. 三相异步电动机的变频调速控制

交流电动机变频调速是近 20 年来发展起来的新技术，随着电力电子技术和微电子技术的迅速发展，交流调速系统已实用化、系列化，采用变频器的变频装置已获得广泛应用。

由三相异步电动机转速公式式（1-3）可知，只要连续改变电动机交流电源的频率，就可实现连续调速。由于交流电源的额定频率 f_{1N}=50Hz，所以变频调速有额定频率以下调速和额定频率以上调速两种。

（1）额定频率以下调速　当电源频率 f_1 在额定频率以下调速时，电动机转速下降，但在调节电源频率的同时，必须同时调节电动机的定子电压 U_1，且始终保持 U_1/f_1= 常数，否则电动机无法正常工作。这是因为三相异步电动机定子绕组相电压 $U_1 \approx E_1=4.44f_1N_1K_1\Phi_m$ 中（E_1 为定子绕组中产生的感应电动势，N_1 为定子每相绕组串联匝数，K_1 为绕组系数），当 f_1 下降时，若 U_1 不变，则必使电动机每极磁通 Φ_m 增加，在电动机设计时，Φ_m 处于磁路磁化曲线的膝部，Φ_m 的增加将进入磁化曲线饱和段，使磁路饱和，电动机空载电流剧增，使电动机负载能力变小，而无法正常工作。为此，电动机在额定频率以下调速时，应使 Φ_m 恒定不变。所以，在频率下调的同时应使电动机定子相电压随之下调，使 U_1'/f_1' =U_{1N}/f_{1N}= 常数。可见，电动机额定频率以下的调速为恒磁通调速，由于 Φ_m 不变，调速过程中电磁转矩 $T=C_T\Phi_mI_{2s}\cos\varphi_2$ 不变（C_T 为转矩系数，是与电动机结构有关的常数；I_{2s} 为转子电流有效值；$\cos\varphi_2$ 为转子电路功率因数），属于恒转矩调速。

（2）额定频率以上调速　当电源频率 f_1 在额定频率以上调速时，电动机的定子相电压是不允许在额定相电压以上调节的，否则会危及电动机的绝缘。所以，电源频率上调时，只能维持电动机定子额定相电压 U_{1N} 不变，于是，随着 f_1 升高 Φ_m 将下降，但 n 上升，故属于恒功率调速。

3. 创新设计

试设计一个控制双速电动机的能耗制动控制电路，其控制要求如下：
1）按下起动按钮，电动机低速运行，5s 后自动切换到高速运行。
2）停机时进行能耗制动。

3）计时时间到能耗制动结束。
4）具有必要的保护环节。

阅读与应用　电气控制电路常见故障与维修

保证电气控制电路、电气元件及电动机等电气设备处于良好的工作状态，是保证各种生产机械正常、安全和可靠的前提。电气控制电路的日常维护和维修是专业技术人员必须掌握的专业技能。

一、电气设备的维护和保养

各种电气设备在运行过程中经常会产生各种各样的故障，致使设备停止运行而影响生产，严重时还会造成人身或设备事故。引起电气设备故障的原因很多，其中一部分故障是由电气元件的自然老化所引起的；还有相当一部分是因为忽视了对电气设备的日常维护和保养，导致小毛病发展成大事故；此外还有一些故障则是由于电气维修人员在处理电气故障时操作不当，或因缺少配件、误判断或误测量而扩大了事故的范围。因此，为了保证设备正常运行，减少因电气维修产生的停机时间以提高劳动生产效率，必须十分重视电气设备的维护和保养。

电气控制电路的日常维护对象包括电动机、控制电器、保护电器及电气线路，对其运行中可能产生的故障进行分析、检查和排除。

1. 电动机的检查

定期检查电动机相绕组之间、绕组对地之间的绝缘电阻，电动机自身转动是否灵活，电动机空载电流与负载电流大小是否正常，三相电流是否平衡，电动机运行中的温升和响声是否在允许范围内，电动机轴承是否磨损、缺油，电动机外壳是否清洁等。

2. 控制电器和保护电器的检查

检查触头系统吸合是否良好、触头接触是否紧密、触头有无烧蚀，各种弹簧是否疲劳卡住、活动，衔铁是否运动自如，电磁线圈是否过热，灭弧装置是否完整，电器的有关整定值是否正确等。

3. 电气线路的检查

检查电气线路接头与端子板、电器的接线柱接触是否牢靠，有无断落、松动、虚接、腐蚀和严重氧化；线路绝缘是否良好；线路上有无油污或脏物等。

4. 行程开关的检查

检查限位保护用行程开关是否能起到限位保护作用，尤其是滚轮传动机构和触头工作是否正常。

二、电气控制电路的故障检修

在实际生产中，电气控制往往与机械、液压系统相互联系，电气故障往往与机械、液压交织在一起，难以分辨。这就要求专业技术人员首先要弄清工作原理，了解电气、机械和液压的配合情况，掌握正确的排除方法。

故障检修时，一般按以下步骤进行：查询故障现象、分析确定故障部位、仪表测量检查确定故障点、修理或更新损坏器件排除故障。

1. 查询故障现象

在处理故障前，首先应通过"问、看、听、摸"来了解故障发生前后的详细情况，以便判断故障部位，利于准确排除故障。

问：向操作者询问故障发生前后的情况，故障是经常发生还是偶尔发生；故障发生时有哪些现象，如是否冒烟、跳火、有无异常声音和气味发出；故障发生前是否进行频繁起动、制动操作，是否过载运行；电气线路是否经历过维修或改动等。

看：看熔断器熔体是否熔断；接线是否松动、脱落或断线；电气元件有无发热、烧毁，触头接触是否良好、有无熔焊；继电器是否动作，行程开关是否被撞块碰压等。

听：倾听电动机、变压器和电气元件运行声音是否正常。但应注意，倾听电气设备运行声音时，应在不损害设备和不扩大故障范围的情况下进行。

摸：当电动机、变压器和电气元件电磁线圈发生故障时，用手感知其温度是否升高，有无发生局部过热现象。但应注意，在触摸靠近传动装置的电气元件和容易发生触电事故的故障部位时，应切断电源后再进行。

2. 分析确定故障部位

故障分析的基础和必备条件是要弄清设备的基本结构、电气元件的安装位置，特别是要熟悉电气控制电路的工作原理。发生故障后，根据故障现象结合电路原理分析并检查，逐个排查故障发生原因，逐步缩小故障范围。

先采用断电检查的方法，断电检查时，一般先从主电路入手，看主电路中的几台电动机是否正常，然后检查主电路的触头、热元件、熔断器、隔离开关及线路本身是否有故障；接下来检查控制电路的线路接头、自锁或连锁触头、电磁线圈是否正常；检查电路中所用行程开关触头是否处于正常工作位置，检查制动装置工作是否正常等，找出故障部位。如能通过直观检查发现故障点，如线头脱落、触头及线圈烧毁等，那么检修速度更快。

通过直观检查无法找到故障点时，可对电气控制电路做通电检查，其顺序是先控制电路、后主电路。在不会造成损失的前提下，切断主电路，让电动机停转，然后通电检查控制电路的动作顺序，观察各元件的动作情况。如某元件该动作时不动作，不该动作时乱动作，动作不正常，行程不到位，虽能吸合但接触电阻过大或有异响等，故障点很可能就在该元件中。当认定控制电路工作正常后再接通主电路，检查控制电路对主电路的控制效果，最后检查主电路的供电环节是否有问题。

3. 仪表测量检查确定故障点

利用各种电工仪表测量电路中的电阻、电流及电压等参数，也可进行故障判断。常用的方法有在电路断电情况下的电阻测量法和电路通电情况下的电压测量法。

（1）电阻测量法　检查时先断开电路电源，断开电路与其他电路并联的连接，将万用表调在电阻档的适当量程上，通过测量电路的电阻来判断电路的工作状态。

（2）电压测量法　电压测量法是在电路通电的情况下，用电压表检测相应电路电压来判断电气元件和电路故障的一种方法，测量时应合上电路电源开关，将万用表调到交流电压500V档位上。

在生产实践中，往往将上述方法结合起来运用（注意：一种为断电状态，另一种为通电状态，在使用时切不可弄混），再结合故障分析，迅速查明故障原因，并加以维修，排除故障。在电力拖动系统中，有些信号是机械机构驱动的，如机械部分的连锁机构、传动装置等，若它们发生故障，即使电路正常，设备也不能正常运行。因此，在检修中应注意机械故障的特征和现象，找出故障点并排除故障。

项目 3
直流电动机及其电气控制

项目概述

在现代工业生产中，交流电动机应用广泛。与交流电动机相比，直流电动机结构复杂，成本高，运行维护较困难。但直流电动机调速性能好，起动转矩大，过载能力强，调速范围宽并能平滑调速，因此对调速要求较高或者需要较大起动转矩的生产机械往往采用直流电动机驱动。在自动控制系统中，小容量直流电动机应用也很广泛。

本项目以两个任务为载体，主要认识直流电动机的结构、工作原理、分类和铭牌，并通过对直流电动机起动、调速、制动和反转控制电路的分析，了解其使用方法，并能进行常见故障的分析排除。

学习目标

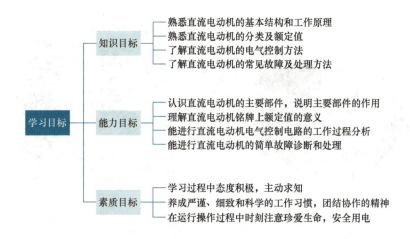

任务 1 直流电动机的部件和原理认识

学习任务单

"直流电动机的部件和原理认识"学习任务单见表 3-1。

表 3-1 "直流电动机的部件和原理认识"学习任务单

项目 3	直流电动机及其电气控制	学时	
任务 1	直流电动机的部件和原理认识	学时	
任务描述	结合实物检查、简单拆装等方式熟悉直流电动机的结构，了解其工作原理，学会常规维护检修方法，出现故障时在最短的时间内查找到故障原因，进而排除故障		
任务流程	观察直流电动机的基本结构→熟悉各主要部件的作用→分析直流电动机的工作原理→认识不同种类直流电动机→检测及运行直流电动机→验收评价		

任务引入

直流电动机在生产生活中具有广泛的应用，小到电动剃须刀、电动玩具和电动工具，大到电动自行车、电动汽车、电力机车、轧钢机和龙门刨床等。因此，了解直流电动机的基本结构和工作原理，对其进行定期保养、维护检修是十分必要的。

知识学习

一、直流电动机的结构

直流电动机主要由定子部分、转子部分和气隙组成，其结构如图 3-1 所示。

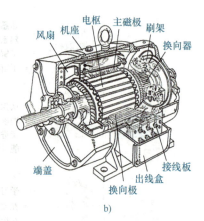

图 3-1 直流电动机的结构

a) 外形　b) 结构组成

1. 定子部分

直流电动机的定子部分主要由主磁极、换向极、机座和电刷装置组成。

（1）主磁极　在大多数直流电动机中，主磁极是电磁铁，包括主磁极铁心和励磁绕组两部分。为尽可能减小涡流和磁滞损耗，主磁极铁心用 0.5～1.5mm 厚的低碳钢板叠压而成，铁心的上部称为极身，下部称为极靴。整个主磁极用螺钉固定在机座上，如图 3-2 所示。

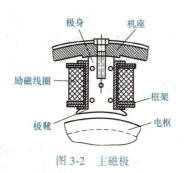

图 3-2 主磁极

主磁极的作用是在定子、转子之间的气隙中建立磁场，使电枢绕组在此磁场的作用下产生感应电动势和电磁转矩。小容量直流电动机主磁极可采用永磁磁极，无电励磁绕组。

（2）换向极　换向极的作用是改善换向性能，消除直流电动机带负载时换向器产生的有害火花。换向极装在两主磁极之间，也是由铁心和绕组构成。铁心一般用整块钢或钢板加工而成，换向极绕组与电枢绕组串联。换向极的数目一般与主磁极数目相同。小容量的电动机也有不装换向极的。

（3）机座　机座有两个作用，一是固定主磁极、换向极和端盖，起机械支撑作用；二是作为电动机磁路系统的一部分。因此，要求机座有好的导磁性能及足够的机械强度与刚度。机座通常用铸钢或厚钢板焊成。机座中有磁通经过的部分称为磁轭。

（4）电刷装置　电刷装置有两个作用，一是使转子绕组与电动机的外部电路接通；二是与换向器相配合，完成直流电动机外部直流电与内部交流电的转换。电刷装置由电刷、刷握、刷杆座和弹簧压板等组成，部分结构如图 3-3 所示。电刷个数一般等于主磁极数目。

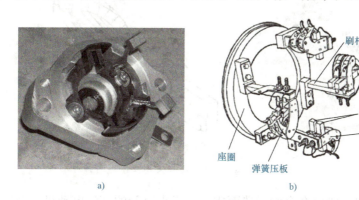

图 3-3 电刷装置

a）电刷实物　b）电刷装置

2. 转子部分

转子是直流电动机的重要部件。由于感应电动势和电磁转矩都在转子绕组中产生，所以转子是机械能和电磁能转换的枢纽，因此直流电动机的转子也称为电枢。它由电枢铁心、电枢绕组、换向器、转轴和轴承等组成，如图 3-4 所示。

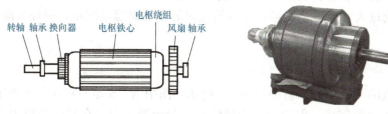

图 3-4 转子的组成

（1）电枢铁心　电枢铁心有两个作用，一是作为主磁路的主要部分；二是嵌放电枢绕组。为减少电枢铁心中因磁通变化而产生的涡流及磁滞损耗，通常用0.35～0.5mm厚的双面涂漆的硅钢片叠压成圆柱形（与定子铁心的区别），中心有孔，装置转轴，表面均布轴向槽，用来嵌放电枢绕组。其结构如图3-5所示。

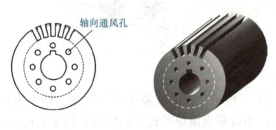

图3-5　电枢铁心

（2）电枢绕组　电枢绕组由许多按一定规律连接的线圈组成，每个线圈有两个出线端，分别与换向器的两个换向片相连，所有线圈连成一个闭合回路。电枢绕组用来产生感应电动势和电磁转矩，是实现机电能量转换的关键性部件。

（3）换向器　换向器是直流电动机的重要部件，它与电刷配合，将电刷上所通过的直流电流转换为绕组内的交变电流。换向器由许多铜换向片组成，每两个换向片中间是绝缘片，换向片数与线圈元件数相同。其外形及结构如图3-6所示。

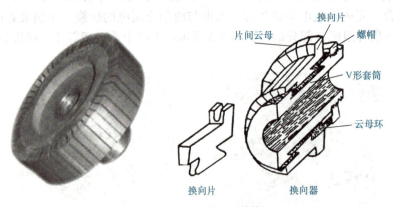

图3-6　换向器外形及结构

（4）转轴　转轴一般由合金钢锻造而成。对于小容量的直流电动机，电枢铁心装在转轴上。对于大容量的直流电动机，为减少硅钢片的消耗和转子重量，转轴上装有金属支架，电枢铁心装在金属支架上。为了加强电动机的散热，转轴上还装有风扇。

3. 气隙

为使电动机能够运转，定子和转子之间要留有一定大小的间隙，此间隙称为气隙。小型电动机气隙约为1～3mm，大型电动机气隙约为10～12mm，它是主磁路的一部分。气隙磁场是电动机进行机电能量转换的媒介，气隙的大小对电动机的运行性能有很大的影响。过大会导致励磁电流过大，而过小则容易受齿槽效应的影响而起动困难，另外气隙太小也会造成安装困难。

二、直流电动机的工作原理

直流电动机的工作原理示意图如图3-7所示。图中N、S是一对在空间固定不动的磁极，磁极可以由永久磁铁制成，但通常在磁极铁心上绕励磁绕组，在励磁绕组中通入直流电流，可产生 N、S 极。在 N、S 极之间装有由铁磁性物质构成的圆柱体，在圆柱体外表面的槽中嵌放了绕组 abcd，整个圆柱体可在磁极内部旋转，这个转动部分就是转子（电枢）。电枢绕组 abcd 两端分别连接到相互绝缘的两个弧形铜片上，弧形铜片称为换向片，它们的组合体称为换向器。换向器通过静止不动的电刷 A、B 将电枢绕组与外电路相连。

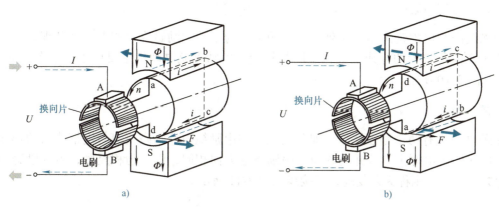

图 3-7　直流电动机的工作原理示意图

在电刷 A、B 之间加上直流电压 U，便有直流电流 I 流入矩形线圈 abcd，从正极流入，负极流出，如图 3-7a 所示。电流从电源正极出发，经过电刷 A 及换向片进入矩形线圈，然后分别经过 a～d 到达下面的换向片，再经过电刷 B 回到电源的负极。根据左手定则可以判断矩形线圈 ab 边受到向左的电磁力，cd 边受到向右的电磁力，矩形线圈逆时针方向转动。

扫码观看动画演示：
直流电动机工作原理

同样的道理，当矩形线圈 abcd 转动到如图 3-7b 所示的位置，ab 边在下，cd 边在上，电流从正极流入，经过 dcba，再从负极流出，ab 边受到向右的电磁力，cd 边受到向左的电磁力，矩形线圈仍然保持逆时针转动，完成了逆时针转动一圈。

由于换向片和电枢绕组固定连接，无论绕组怎样转动，总是 N 极有效边的电流方向向里，S 极有效边的电流方向向外。电动机电枢绕组通电后受力（左手定则）按逆时针方向旋转。

由此可见，加在直流电动机上的直流电源，通过换向器和电刷，在电枢绕组中产生的电流是交变的，但每一个磁极下，导体中的电流方向始终不变，因而产生单方向的电磁转矩，使电枢绕组沿一个方向旋转，这就是直流电动机的工作原理。

实际应用中的直流电动机，电枢绕组是均匀地在电枢圆周上嵌放许多线圈，相应的换向器也是由许多换向片组成的，从而使电枢绕组所产生的总电磁转矩足够大，并且比较均匀，电动机的转速也就比较均匀。

三、直流电动机的分类

在直流电动机中，由定子励磁线圈通电所产生的主磁场称为励磁磁场。不同的励磁方式，直流电动机的运行特性有很大差异。按励磁绕组的供电方式不同，可把直流电动机分成下列 4 种：他励式、并励式、串励式和复励式。

1. 他励直流电动机

励磁绕组和电枢绕组分别由两个直流电源供电，励磁电流与电枢电流无关，不受电枢回路的影响。他励直流电动机适用于精密加工的直流电动机拖动系统。其接线如图 3-8 所示，图中 U 和 I_a 分别为电枢电压和电枢电流，U_f 和 I_f 分别为励磁电压和励磁电流。

2. 并励直流电动机

励磁绕组和电枢绕组并联，由同一个直流电源供电，与他励直流电动机相比，可节省一个直流电源。中小型直流电动机多采用并励方式，其接线如图 3-9 所示。

3. 串励直流电动机

励磁线圈与电枢绕组串联接到同一电源上。为了减少励磁绕组的电压降和铜耗，励磁绕组通常用截面积较大的导线绕成，且匝数较少。串励直流电动机主要用于电动车辆的驱动。其接线如图 3-10 所示。

4. 复励直流电动机

这种电动机有两个励磁绕组，即并励绕组和串励绕组。励磁绕组与电枢绕组的连接有串有并，接在同一电源上。若并励磁通与串励磁通方向相同，则称为积复励，若并励磁通与串励磁通方向相反，则称为差复励，其接线如图 3-11 所示。

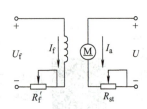
图 3-8 他励直流电动机

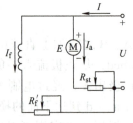
图 3-9 并励直流电动机

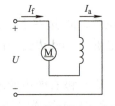
图 3-10 串励直流电动机

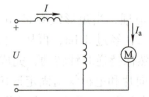
图 3-11 复励直流电动机

直流电动机在使用时一定要保证励磁回路连接可靠，绝不能断开。一旦励磁电流 $I_f=0$，则电动机主磁通将迅速下降至剩磁磁通，若此时电动机负载较轻，电动机的转速将迅速上升，造成"飞车"；若电动机的负载为重载，则电动机的电磁转矩将小于负载转矩，使电动机转速减小，但电枢电流将迅速增大，超过电动机允许的最大电流值，引起电枢绕组因大电流过热而烧毁。因此，在闭合电动机电枢电路前应先闭合励磁电路，保证电动机可靠运行。

5. 直流电动机的主要系列

直流电动机应用广泛，型号很多，我国直流电动机的主要系列如下。

Z4 系列：一般用途的小型直流电动机。

ZT 系列：广调速直流电动机。

ZJ 系列：精密机床用直流电动机。

ZTD 系列：电梯用直流电动机。

ZZJ 系列：起重冶金用直流电动机。

ZD2、ZF2 系列：中型直流电动机。

ZQ 系列：直流牵引电动机。

Z-H 系列：船用直流电动机。
ZA 系列：防爆安全用直流电动机。
ZLJ 系列：力矩直流电动机。

四、直流电动机的铭牌参数

每台直流电动机的机座上都有一个铭牌，上标有电动机型号和各项额定值，用于表示电动机的主要性能和使用条件。图 3-12 为某台直流电动机的铭牌。

型号	Z2-31	励磁	并励
额定功率	1.1kW	励磁电压	110V
额定电压	110V	励磁电流	0.895A
额定电流	13.3A	定额	连续
额定转速	1000r/min	温升	75℃
出厂编号——××××××		出厂日期 ×年×月	
中国×××电机厂			

图 3-12　某台直流电动机的铭牌

1. 直流电动机型号

直流电动机型号表示该电动机的系列及主要特点。知道了电动机的型号，便可从相关手册及资料中查出该电动机的有关技术数据。型号 Z2-31 的含义如下：

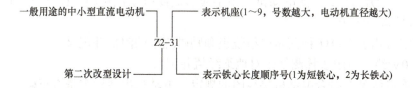

2. 额定功率 P_N

指电动机在额定状态下运行时轴上输出的机械功率，单位为千瓦（kW）。

3. 额定电压 U_N

额定工作状态下的电枢上加的直流电压，单位为伏（V）（例如 110V，220V，440V）。

4. 额定电流 I_N

额定电压下轴上输出额定功率时的输入电流，单位为安（A）（并励包括励磁和电枢电流）。

5. 额定转速 n_N

额定转速是指电动机在额定电压 U_N、额定电流 I_N 和额定功率 P_N 下运行时转子的旋转速度，单位为 r/min（转/分）。直流电动机的转速一般在 500r/min 以上。特殊的直流电动机转速可以做到很低（如每分钟几转）或很高（每分钟 3000 转以上）。

6. 额定效率 η_N

指直流电动机额定输出功率 P_N 与其额定输入功率 P_1 的比值。即

$$\eta_N = P_N/P_1 \ (\text{或}\ P_1 = U_N I_N = P_N/\eta_N)$$

此外，直流电动机的铭牌上还标有励磁方式、励磁电压 U_f、励磁电流 I_f 和温升等。

> 例：一台直流电动机，其额定功率 $P_N=160\text{kW}$，额定电压 $U_N=220\text{V}$，额定效率 $\eta_N=90\%$，额定转速 $n_N=1500\text{r/min}$，求该电动机的额定输入功率、额定电流。
>
> 解：
> 额定输入功率
> $$P_1 = \frac{P_N}{\eta_N} = \frac{160\text{kW}}{0.9} = 177.8\text{kW}$$
>
> 额定电流
> $$I_N = \frac{P_1}{U_N} = \frac{177.8 \times 10^3 \text{W}}{220\text{V}} = 808.1\text{A}$$
>
> 或
> $$I_N = \frac{P_N}{U_N \eta_N} = \frac{160 \times 10^3 \text{W}}{220\text{V} \times 0.9} = 808.1\text{A}$$

》任务实施

一、直流电动机通电前检查

1) 准备 1 台 DJ-15 型直流电动机，用手或器械使电动机转动，检查转子转动是否灵活、匀称，是否有异常声响等。
2) 用数字万用表 200Ω 档测量电枢绕组和励磁绕组的阻值并记录。
3) 用 500V 绝缘电阻表摇测绕组对地绝缘值并记录。
4) 检查连接线是否符合电动机接线图的规定，电动机出线标志是否正确。
5) 检查电动机接地是否良好。

二、直流电动机的运行

1) 将直流电动机的励磁绕组接到电工实验台 220V 直流励磁电源端子上，电枢绕组接到可调直流电压端子上。
2) 接通电源，慢慢增加电枢电压，观察直流电动机起动情况。
3) 调节电枢电压大小，观察转速变化情况，分析电枢电压大小变化时直流电动机速度如何变化。
4) 断开电源，分别改变电枢电压和励磁电压的极性，记录电动机运转方向。观察电压极性改变后直流电动机转向如何变化。

三、直流电动机的拆装

1) 断开所有接线，拆下端盖上的条状铁片，观察转子转动时电刷与换向片是否有接触。
2) 拧下两个塑料螺帽，取出两个电刷，观察电刷结构。
3) 拆下转轴右端的白色联轴器和左端盖，拉出转子，观察转子和定子结构。
4) 按原样装配恢复原状。

项目3　直流电动机及其电气控制

安全操作提示：
1）通电运行期间绝对不允许断开励磁电源，避免"飞车"事故发生。
2）拆装时要细心记录各零件原来的位置，保证能恢复原状。

任务评价

任务评价表见表3-2。

表3-2　任务评价表

序号	评价内容	考核要求	评分标准	配分	评分
1	直流电动机机械检查	按要求检查外观，用手或器械使电动机转动，检查转子	未按要求检查少一项扣5分	10	
2	直流电动机电气检查	按要求检查接线，检查地线	未按要求检查少一项扣5分	10	
3	绝缘电阻表摇测对地绝缘	选表：选用500V绝缘电阻表 验表：开路试验为"∞"，短路试验为"0" 合格值：新电动机≥1MΩ，旧电动机≥0.5MΩ	不能正确操作每项扣5分 不能正确判断合格标准每项扣5分	30	
4	直流电动机运行	按照要求的步骤顺序运行电动机	未按要求操作或结果错误每项扣5分	20	
5	直流电动机拆装	按要求拆卸电动机，无损坏，并能按原样装配恢复原状	未按要求操作或部件有损坏每项扣5分	20	
6	安全要求	正确使用电工工具，安全用电	未按要求操作每次扣10分	10	

任务2　直流电动机的电气控制

学习任务单

"直流电动机的电气控制"学习任务单见表3-3。

表3-3　"直流电动机的电气控制"学习任务单

项目3	直流电动机及其电气控制	学时	
任务2	直流电动机的电气控制	学时	
任务描述	以4种典型的直流电动机电气控制为例，熟悉直流电动机的控制方法 1. 直流电动机串电阻起动控制 2. 直流电动机正反转控制 3. 直流电动机能耗制动控制 4. 直流电动机调速控制		
任务流程	直流电动机典型电气控制电路→分析原理图→了解工作过程→示例演示→验收评价		

任务引入

直流电动机具有良好的起动、反向、制动和调速性能，容易实现各种运行状态的控制。串励、并励、复励和他励 4 种直流电动机，其控制电路基本相同。本任务以他励直流电动机为例，学习他励直流电动机的起动、反向、制动和调速的电气控制。

知识学习

一、直流电动机电枢串电阻起动控制

直流电动机在额定电压下直接起动，起动电流为额定电流的 10～20 倍，产生很大的起动转矩，导致电动机换向器和电枢绕组损坏。因此，直接起动仅限于容量很小的直流电动机，通常直流电动机起动采用在电枢回路中串入电阻的方式。同时注意，他励直流电动机在弱磁或零磁时会产生"飞车"现象，因此在接入电枢电压前，应先接入额定励磁电压，而且在励磁回路中应有弱磁保护。

电枢回路串电阻起动是电动机电源电压为额定值且恒定不变时，在电枢回路中串入一个或几个起动电阻来达到限制起动电流的目的。图 3-13 为直流电动机电枢串两级电阻，按时间原则的起动控制电路。图中 KM1 为电路接触器，KM2、KM3 为短接起动电阻接触器，KOC 为过电流继电器，KUC 为欠电流继电器，KT1、KT2 为断电延时型时间继电器，R_3 为放电电阻。

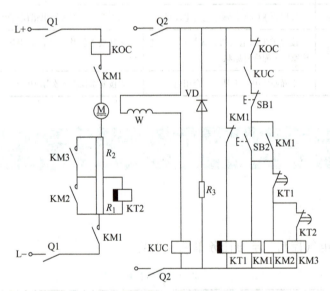

图 3-13　直流电动机电枢串两级电阻起动控制电路

1. 电路工作原理

合上电枢电源开关 Q1 和励磁与控制电路电源开关 Q2，励磁回路通电，KUC 线圈通电吸合，其动合触头闭合，为起动做好准备；同时，KT1 线圈通电，其动断触头断开，切断 KM2、KM3 线圈电路，保证串入 R_1、R_2 起动。按下起动按钮 SB2，KM1 线圈通电并自锁，主触头闭合，接通电动机电枢回路，电枢串入两级起动电阻起动；同时 KM1 动断辅助触头断开，KT1 线圈断电，其动断触头延时闭合，为起动结束时接通 KM2、KM3 线圈而短接 R_1、R_2 做准备。在串入 R_1、R_2 起动的同时，并联在 R_1 电阻两端的 KT2 线圈通电，其动合触头断开，使 KM3 不能通电，确保 R_2 电阻串入起动。

经一段时间延时后，KT1 延时闭合触头闭合，KM2 线圈通电吸合，主触头短接电阻 R_1，电动机转速升高，电枢电流减小。就在 R_1 被短接的同时，KT2 线圈断电释放，再经一定时间的延时，KT2 延时闭合触头闭合，KM3 线圈通电吸合，KM3 主触头闭合短接电阻 R_2，电动机在额定电枢电压下运转，起动过程结束。

2. 电路保护环节

过电流继电器 KOC 实现电动机过载和短路保护；欠电流继电器 KUC 实现电动机弱磁保护；电阻 R_3 与二极管 VD 构成励磁绕组的放电回路，实现过电压保护。

二、直流电动机正反转控制

要改变直流电动机的转动方向，需要改变电磁转矩方向，而电磁转矩的方向是由磁通方向和电枢电流方向决定的，由左手定则可知，只要改变磁通或电枢电流中的一个参数，电磁转矩方向就发生改变，因此直流电动机反转的方法有两种：

1）改变励磁电流方向。保持电枢两端电压极性不变，将电动机励磁绕组反接，使励磁电流反向，从而使磁通方向改变。

2）改变电枢电压极性。保持励磁绕组电压极性不变，将电动机电枢绕组反接，从而使电枢电流方向改变。

实际应用中，由于他励直流电动机励磁绕组匝数多、电感大，励磁电流从正向额定值变到负向额定值的时间长，反向过程缓慢，而且在励磁绕组反接断开瞬间，绕组中将产生很大的自感电动势，可能造成绝缘击穿。因此实际应用中多采用改变电枢电压极性的方法来实现直流电动机的反转。

图 3-14 为改变直流电动机电枢电压极性实现电动机正反转控制电路。图中 KM1、KM2 为正、反转接触器，KM3、KM4 为短接电枢电阻接触器，KT1、KT2 为断电延时型时间继电器，R_1、R_2 为起动电阻，R_3 为放电电阻，SQ1 为反向转正向行程开关，SQ2 为正向转反向行程开关。起动时电路工作情况与图 3-13 中的单方向运转控制电路相同，但起动后，电动机将按行程原则实现电动机的正、反转，拖动运动部件实现自动往返运动。在任务实施环节，由读者自行分析电路工作原理。

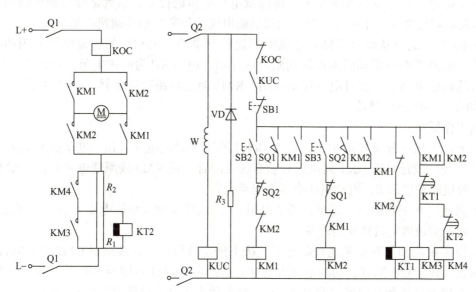

图 3-14　直流电动机正反转控制电路

三、直流电动机能耗制动控制

他励直流电动机的电气制动是使电动机产生一个与旋转方向相反的电磁转矩，阻碍电动机转动。在制动过程中要求电动机制动迅速、平滑、可靠且能量损耗少。常用的电气制动有能耗制动、反接制动和发电回馈制动。

图 3-15 为直流电动机单方向能耗制动电路。图中 KM1～KM3、KOC、KUC、KT1、KT2 的作用与图 3-13 相同，KM4 为制动接触器，KV 为电压继电器。

电路工作原理：电动机起动时电路工作情况与图 3-13 相同。停车时，按下停止按钮 SB1，KM1 线圈断电释放，其主触头断开电动机电枢电源，电动机以惯性旋转。由于此时电动机转速较高，电枢两端仍建立足够大的感应电动势，使并联在电枢两端的电压继电器 KV 经自锁触点仍保持通电吸合状态，KV 动合触点仍闭合，使 KM4 线圈通电吸合，其动合主触头将电阻 R_4 并联在电枢两端，电动机实现能耗制动，使转速迅速下降，电枢感应电动势也随之下降，当降至一定值时电压继电器 KV 释放，KM4 线圈断电，电动机能耗制动过程结束。

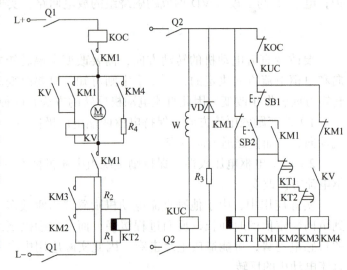

图 3-15　直流电动机单方向能耗制动电路

能耗制动较为平稳，在机床的直流拖动系统中应用较为普遍。

四、直流电动机调速控制

直流电动机可改变电枢电压或改变励磁电流来调速，前者常由晶闸管构成单相或三相全波可控整流电路，经改变其导通角来实现降低电枢电压的控制；后者常改变励磁绕组中的串联电阻来实现弱磁调速。下面以改变电动机励磁电流为例来分析其调速控制原理。

图 3-16 为直流电动机改变励磁电流的调速控制电路。电动机的直流电源采用两相零式整流电路，电阻 R 兼有起动限流和制动限流的作用，电阻 RP 为调速电阻，电阻 R_2 用于吸收励磁绕组的自感电动势，起过电压保护作用。KM1 为能耗制动接触器，KM2 为运行接触器，KM3 为切除起动电阻接触器。

电路工作原理：

（1）起动　按下起动按钮 SB2，KM2 和 KT 线圈同时通电并自锁，电动机 M 电枢串入电阻 R 起动。经一段延时后，KT 通电延时动合触点闭合，使 KM3 线圈通电并自锁，KM3 主触头闭合，短接起动电阻 R，电动机在全压下起动运行。

（2）调速　在正常运行状态下，调节电阻 RP，改变电动机励磁电流大小，从而改变电动机励磁磁通，实现电动机转速的改变。

（3）停车及制动　在正常运行状态下，按下停止按钮 SB1，接触器 KM2 和 KM3 线圈同时断电释放，其主触头断开，切断电动机电枢电路；同时 KM1 线圈通电吸合，其主触头闭合，通过电阻 R 接通能耗制动电路，而 KM1 另一对主触头闭合，短接电容器 C，使电源电压全部加在励磁线圈两端，实现能耗制动过程中的强励磁作用，加强制动效果。松开停止按钮 SB1，制动结束。

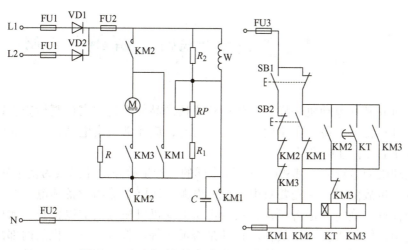

图 3-16 直流电动机改变励磁电流的调速控制电路

▶▶ 任务实施

对照图 3-14 直流电动机正反转控制电路,分析其工作过程及各元件作用。

1)分析正、反转接触器 KM1、KM2,短接电枢电阻接触器 KM3、KM4,时间继电器 KT1、KT2 的作用。

2)分析起动电阻 R_1、R_2 的作用。

3)分析正、反转接触器 KM1、KM2 互锁触头的作用。

4)分析正、反转行程开关 SQ1、SQ2 控制直流电动机自动往返运行的过程。

5)分析过电流继电器 KOC 如何起到电动机过载和短路保护作用。

6)分析欠电流继电器 KUC 如何起到电动机弱磁保护作用。

7)分析电阻 R_3 与二极管 VD 构成的励磁绕组放电回路如何起到过电压保护作用。

8)完整叙述直流电动机正反转控制电路工作过程。

▶▶ 任务评价

任务评价表见表 3-4。

表 3-4 任务评价表

序号	评价内容	考核要求	评分标准	配分	评分
1	接触器作用	能在图上找到相应的器件位置,说出接触器所在回路的通断条件	错误一处扣 2 分	20	
2	电阻作用	能照图分别叙述 R_1、R_2 的作用过程	错误一处扣 5 分	10	
3	接触器互锁触头作用	能照图叙述接触器互锁触头的作用过程	错误一处扣 5 分	10	
4	SQ1、SQ2 作用	能照图叙述 SQ1、SQ2 的行程控制作用	错误一处扣 5 分	10	
5	KOC 作用	能照图叙述 KOC 过载和短路保护作用过程	错误一处扣 5 分	10	
6	KUC 作用	能照图叙述 KUC 弱磁保护作用过程	错误一处扣 5 分	10	
7	电阻 R_3 与二极管 VD 作用	能照图叙述电阻 R_3 与二极管 VD 过电压保护作用过程	错误一处扣 5 分	10	
8	完整工作过程叙述	能照图叙述直流电动机正反转控制电路工作过程	错误一处扣 2 分	20	

阅读与应用 直流电动机的常见故障与维修

直流电动机和其他电动机一样，在使用前应按产品使用说明书认真检查，以避免发生故障、损坏电动机和相关设备。在使用直流电动机时，应经常观察电动机的换向情况，还应注意电动机各部分是否有过热情况。

在直流电动机的运行中，其故障是多种多样的，产生故障的原因较为复杂并且互相影响。当直流电动机发生故障时，首先要对电动机的电源、线路、辅助设备和电动机所带的负载逐一进行仔细的检查，确定其是否正常，然后再从电动机机械方面加以检查，如检查电刷架是否有松动、电刷接触是否良好以及轴承转动是否灵活等。就直流电动机的内部故障来说，多数故障会从换向火花增大和运行性能异常反映出来，所以要分析故障产生的原因，就必须仔细观察换向火花的显现情况和运行时出现的其他异常情况，通过认真分析，根据直流电动机内部的基本规律和积累的经验，对产生的故障做出判断，并找出故障原因。

直流电动机的常见故障及其排除方法见表 3-5。

表 3-5 直流电动机的常见故障及其排除方法

故障现象	故障原因	排除方法
电刷下火花过大	1. 电刷与换向器接触不良 2. 刷握松动或装置不正 3. 电刷与刷握配合太紧 4. 电刷压力大小不当或不均 5. 换向器表面不光洁、不圆或有污垢 6. 换向片间云母凸出 7. 电刷位置不在中性线上 8. 电刷磨损过度或所用牌号及尺寸不符 9. 过载 10. 电动机底脚松动，发生振动 11. 换向极组短路 12. 电枢绕组断路或电枢绕组与换向器脱焊 13. 换向极组接反 14. 电刷之间的电流分布不均匀 15. 电刷分布不等分 16. 电枢平衡未校好	1. 研磨电刷接触面，并在轻载下运行 30～60min 2. 紧固或纠正刷握装置 3. 略微磨小电刷尺寸 4. 用弹簧秤矫正电刷压力在 12～17kPa 5. 清洁或研磨换向器表面 6. 将换向片间凸出云母刻槽、倒角、再研磨 7. 调整刷杆座至原有记号位置，或按感应法找出中性线位置 8. 更换新电刷 9. 恢复正常负载 10. 固定电动机底脚螺钉 11. 检查换向极组，修理绝缘损坏处 12. 查找断路部位并进行修复 13. 检查换向极的极性并加以纠正 14. 调整刷架等分，按原牌号及尺寸更换新电刷 15. 校正电刷等分 16. 重校转子动平衡
电动机不能起动	1. 无电源 2. 过载 3. 起动电流太小 4. 电刷接触不良 5. 励磁回路断路	1. 检查线路是否完好，起动器连接是否准确，熔丝是否熔断 2. 减小负载 3. 检查所用起动器是否合适 4. 检查刷握弹簧是否松弛或改善接触面 5. 检查变阻器及磁场绕组是否断路，更换绕组
电枢冒烟	1. 长时间过载 2. 换向器或电枢短路 3. 负载短路 4. 电动机端电压过低 5. 电动机直接起动或反向运转过于频繁 6. 定子、转子相擦	1. 立即恢复正常负载 2. 查找短路的部位并进行修复 3. 检查线路是否有短路 4. 恢复电压至正常值 5. 使用适当的起动器，避免频繁反复运转 6. 检查相擦的原因并进行修复

项目 ④

常用控制电机应用

▶项目概述

随着自动控制系统的不断发展，在普通旋转电机的基础上产生出多种具有特殊性能的小功率电机。因其各种特殊的控制性能而常在自动控制系统中作为执行元件、检测元件和解算元件，统称为控制电机，也称特种电机。控制电机与普通电机从基本的电磁感应原理角度来说，本质上并没有差别，只是着重点不同：普通旋转电机主要是进行能量变换，要求有较高的力能指标；而控制电机主要是对控制信号进行传递和变换，要求有较高的控制性能，如要求反应快、精度高和运行可靠等。

控制电机可以分为驱动用控制电机和控制用电机两大类，前者主要用来驱动各种机构、仪表以及各种电器等；后者是在自动控制系统中传递、变换和执行控制信号的小功率电机的总称，用作执行元件或信号元件。控制用的特种电机分为测量元件和执行元件。测量元件包括旋转变压器，交、直流测速发电机等；执行元件主要有交、直流伺服电动机，步进电动机等。

本项目主要学习伺服电动机和步进电动机的结构、工作原理、分类和铭牌参数，了解其使用方法和使用注意事项，能进行常见故障的分析排除。

▶学习目标

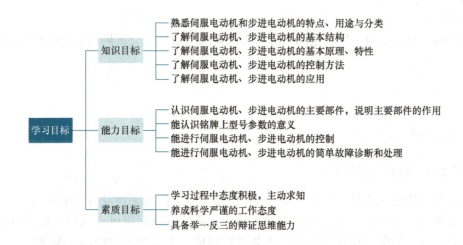

任务 1　伺服电动机的应用

学习任务单

"伺服电动机的应用"学习任务单见表 4-1。

表 4-1　"伺服电动机的应用"学习任务单

项目 4	常用控制电机应用	学时	
任务 1	伺服电动机的应用	学时	
任务描述	结合实物、动画方式熟悉伺服电动机的结构,了解其工作原理,结合实物、图形方式了解伺服电动机的分类,识读其型号参数的意义,熟悉伺服电动机的性能、电气特征和工作特性等主要指标		
任务流程	观察伺服电动机的基本结构→熟悉各主要部件的作用→分析伺服电动机的工作原理→检测伺服电动机		

任务引入

伺服电动机又称为执行电动机,被广泛应用在自动控制系统中作为执行元件使用,如机床、激光加工设备、机器人、自动化生产线、印刷设备、包装设备和纺织设备等对工艺精度、加工效率和工作可靠性等要求相对较高的设备。它将输入的电压信号转变为转轴的转矩或速度输出,以驱动控制对象。改变输入信号的大小和极性可以改变伺服电动机的转速与转向,故输入的电压信号又称为控制信号或控制电压。没有控制信号时,转子静止不动;有控制信号时,转子立即转动;当信号消失,转子立刻自行停转(即无"自转")。

在自动控制系统中,对伺服电动机的性能有如下要求:
1)调速范围宽。
2)机械特性和调节特性为线性。
3)无"自转"现象。
4)快速响应。

根据使用电源的不同,伺服电动机分为直流伺服电动机和交流伺服电动机两大类。

知识学习

一、直流伺服电动机

1. 直流伺服电动机的结构

直流伺服电动机的结构和原理与普通直流电动机的结构和原理没有根本区别。

按照励磁方式的不同,直流伺服电动机分为永磁式直流伺服电动机和电磁式直流伺服电动机。永磁式直流伺服电动机的磁极由永久磁铁制成,不需要励磁绕组和励磁电源。电磁式直流伺服电动机一般采用他励结构,磁极由励磁绕组构成,通过单独的励磁电源供电。

按照转子结构的不同,直流伺服电动机分为空心杯形转子直流伺服电动机和无槽电枢直流伺服电动机。空心杯形转子直流伺服电动机由于其力能指标较低,现在已很少采用。无槽电枢直流伺服电动机的转子是直径较小的细长形圆柱铁心,通过耐热树脂将电枢绕组固定在铁心上,具有散热好、力能指标高和快速性好等特点。

与普通直流电动机相比,直流伺服电动机有以下特点:气隙小,磁路不饱和;电枢电阻大,机械特性为软特性;电枢细长,转动惯量小。

2. 直流伺服电动机的工作原理和控制方式

直流伺服电动机从原理上讲就是他励直流电动机,其工作原理与普通的他励直流电动机相同,只不过直流伺服电动机输出功率较小而已。

直流伺服电动机的励磁绕组和电枢绕组分别装在定子和转子上,当直流伺服电动机励磁绕组和电枢绕组都通过电流时,直流电动机转动起来,当其中的一个绕组断电时,电动机立即停转。输入的控制信号,既可加到励磁绕组上,也可加到电枢绕组上,即直流伺服电动机有两种控制方式:一种称为电枢控制,直流伺服电动机进行电枢控制时,在电动机的励磁绕组上加上恒压励磁,将控制电压作用于电枢绕组来进行控制,电枢绕组即为控制绕组;另一种称为励磁控制,在电动机的电枢绕组上施加恒压,将控制电压作用于励磁绕组来进行控制。

由于励磁控制有严重的缺点(调节特性在某一范围不是单值函数,每个转速对应两个控制信号),故使用的场合很少;电枢控制中回路电感小,响应快,电枢控制的特性好,所以在自动控制系统中大多采用电枢控制。

在电枢控制方式下,作用于电枢的控制电压为 U_c(下标 c 表示控制,也可用 U_a 表示电枢电压),励磁电压 U_f 保持不变,原理图如图 4-1 所示。

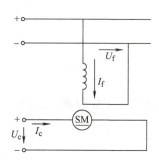

图 4-1 直流伺服电动机电枢控制原理图

直流伺服电动机的机械特性表达式为

$$n = \frac{U_c}{C_e \Phi} - \frac{R_a}{C_e C_T \Phi^2} T = n_0 - \beta T \tag{4-1}$$

式中,C_e 为电势常数;C_T 为转矩常数;R_a 为电枢回路电阻。

由于直流伺服电动机的磁路一般不饱和,因此可以不考虑电枢反应,认为主磁通 Φ 大小不变。

伺服电动机的机械特性,指控制电压一定时转速随转矩变化的关系。当作用于电枢回路的控制电压 U_c 不变时,转矩 T 增大时转速 n 降低,转矩的增加与电动机的转速降低成正比,转矩 T 与转速 n 之间呈线性关系,不同控制电压作用下的机械特性如图 4-2a 所示。电枢控制时的直流伺服电动机的机械特性是线性的,而且不存在"自转"现象(控制信号消失后,电动机仍不停止转动的现象叫"自转"现象),在自动控制系统中是一种很好的执行元件。

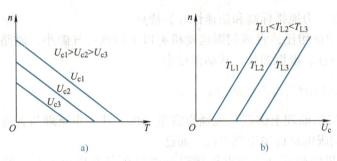

图 4-2 直流伺服电动机的特性
a）机械特性 b）调节特性

伺服电动机的调节特性是指在一定的负载转矩下，电动机稳态转速随控制电压变化的关系。当电动机的转矩 T 不变时，控制电压的增加与转速的增加成正比，转速 n 与控制电压 U_c 也呈线性关系。不同转矩时的调节特性如图 4-2b 所示。由图可知，当转速 $n=0$ 时，不同转矩 T 所需要的控制电压 U_c 也是不同的，只有当电枢电压大于这个电压值，电动机才会转动，调节特性与横轴的交点所对应的电压值称始动电压。负载转矩 T_L 不同时，始动电压也不同，负载转矩 T_L 越大，始动电压就越高，死区越大。负载越大，死区越大，伺服电动机越不灵敏，所以适用于负载较小的场合。

直流伺服电动机的机械特性和调节特性的线性度好，调整范围大，起动转矩大，效率高。缺点是电枢电流较大，电刷和换向器维护工作量大，接触电阻不稳定，电刷与换向器之间的火花有可能对控制系统产生干扰。

二、交流伺服电动机

1. 交流伺服电动机工作原理

图 4-3 为交流伺服电动机的实物图及工作原理示意图。

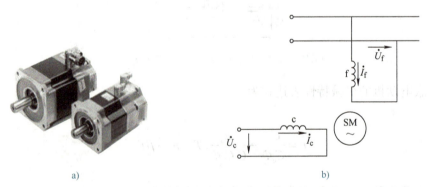

图 4-3 交流伺服电动机
a）实物图 b）工作原理示意图

交流伺服电动机励磁绕组 f 和控制绕组 c 在空间位置上相差 90° 电角度，工作时，励磁绕组接入恒定交流电压，控制绕组由伺服放大器供电通入控制电压，两个电压的频率相同，并且在相位上也相差 90° 电角度。这样，两个绕组共同作用在电动机内部产生了一个旋转磁场，在旋转磁场的作用下会在转子中产生感应电动势和电流，转子电流与旋转磁场相互作用产生电磁转矩，驱动转子转动。

交流伺服电动机的工作原理与单相异步电动机有相似之处。在单相异步电动机中，当转子转动起来以后，断开起动绕组，电动机仍然能够转动。在交流伺服电动机中，如果控制绕组断开后,电动机仍然转动,那么伺服电动机就处于"自转"状态,这是控制系统不允许的。

当交流伺服电动机的励磁绕组接到励磁电流上,若控制绕组加上的控制电压为 0 时(即无控制电压),所产生的是脉振磁通势,所建立的是脉振磁场,电动机无起动转矩;当控制绕组加上的控制电压不为 0,且产生的控制电流与励磁电流的相位不同时,建立起椭圆形旋转磁场,于是产生起动力矩,电动机转子转动起来。如果电动机参数与一般的单相异步电动机一样,那么当控制信号消失时,电动机转速虽会下降些,但仍会继续不停地转动。伺服电动机在控制信号消失后仍继续旋转的失控现象称为"自转"。"自转"的原因是控制电压消失后,电动机仍有与原转速方向一致的电磁转矩。

如何消除伺服电动机的"自转"现象呢?只需要增加伺服电动机的转子电阻就可以了。当控制绕组断开后,只有励磁绕组起到励磁作用,单相交流绕组产生的是一个脉振磁场,脉振磁场可以分解为两个方向相反、大小相同的旋转磁场。当转子电阻较小(临界转差率 $s_m<1$)时,伺服电动机的机械特性如图 4-4a 所示,曲线 $T+$ 为正向旋转磁场作用下的机械特性,曲线 $T-$ 为反向旋转磁场作用下的机械特性,曲线 T 为合成机械特性曲线,可以看出,电磁转矩的方向与转速的方向相同,电动机仍然能够转动。当转子电阻较大($s_m \geq 1$)时,伺服电动机的机械特性如图 4-4b 所示,曲线 T 为合成机械特性曲线,可以看出,电磁转矩与转速的方向相反,在电磁转矩的作用下,电动机能够迅速地停止转动,从而消除了交流伺服电动机的"自转"。

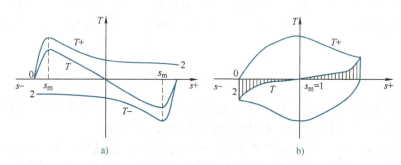

图 4-4 交流电动机单相励磁时的机械特性

a)$s_m<1$ 时的机械特性 b)$s_m \geq 1$ 时的机械特性

简单来说消除"自转"的方法是消除与原转速方向一致的电磁转矩,同时产生一个与原转速方向相反的电磁转矩,使电动机在控制电压消失时停止转动。可以通过增加转子电阻的办法来消除"自转"。

2. 交流伺服电动机的基本结构

交流伺服电动机在结构上类似于单相异步电动机,它的定子铁心中安放着空间相差 90°电角度的两相绕组,一相称为励磁绕组,另一相称为控制绕组。电动机工作时,励磁绕组接单相交流电压,控制绕组接控制信号电压,要求两相电压同频率。转子主要有两种结构形式。

(1)笼型转子 交流伺服电动机的笼型转子和单相异步电动机的笼型转子一样,但其笼型转子的导条采用高电阻率的导电材料制造,如青铜、黄铜。另外,为了提高交流伺服电动机的快速响应性能,伺服电动机笼型转子做得又细又长,从而减小了转子的转动惯量,降低了电动机的机电时间常数。笼型转子交流伺服电动机体积较大,气隙小,所需的励磁电流小,功率因数较高,电动机的机械强度大,但快速响应性能稍差,低速运行也不够平稳。

(2)非磁性空心杯转子 非磁性空心杯转子交流伺服电动机转子做成了杯形结构,为了减小气隙,在杯形转子内还有一个内定子,内定子一般不放绕组,仅起导磁作用;外定子铁心槽内安放有励磁绕组和控制绕组,空心杯转子交流伺服电动机结构示意图如图 4-5

所示。空心杯转子位于内外定子之间，通常用非磁性材料（如铜、铝或铝合金）制成，杯壁厚 0.2～0.6mm，故称空心杯，杯形转子转动惯量小且具有较大的电阻，在电动机旋转磁场作用下，杯形转子内感应产生涡流，涡流与主磁场作用产生电磁转矩，使杯形转子转动起来。

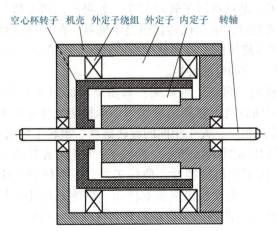

图 4-5　空心杯转子交流伺服电动机结构示意图

由于非磁性空心杯转子的杯壁厚约为 0.2～0.6mm，转动惯量很小，故电动机快速响应性能好，而且运转平稳平滑，无抖动现象。由于使用内外定子，气隙较大，故励磁电流较大，体积也较大。

3. 交流伺服电动机的控制方法

在交流伺服电动机中，除了要求电动机不能"自转"外，还要求改变加在控制绕组上的电压的大小和相位，能够控制交流伺服电动机转速的大小和方向。

励磁绕组和控制绕组共同作用产生的是一个旋转磁场，旋转磁场的旋转方向是由相位超前的那一相绕组转向相位滞后的那一相绕组。改变控制绕组中控制电压的相位，可以改变两相绕组的超前、滞后的相位关系，从而改变旋转磁场的旋转方向，交流伺服电动机转速方向也会发生变化。改变控制电压的大小和相位，可以改变旋转磁场的磁通，从而改变电动机的电磁转矩，交流伺服电动机转速也会发生变化。交流伺服电动机的转速控制方法有幅值控制、相位控制和幅相控制三种。

（1）幅值控制　幅值控制是保持控制电压 $\dot{U}_c$ 与励磁电压 $\dot{U}_f$ 之间的相位差不变，并等于 90°电角度的相位关系，通过改变控制电压 $\dot{U}_c$ 的幅值来控制电动机的转速，其原理如图 4-6 所示。由图中可见，励磁绕组 f 恒接大小和相位不变的交流电压 $\dot{U}_f$ 进行励磁，控制绕组 c 加控制电压 $\dot{U}_c$，它是通过移相器使 $\dot{U}_c$ 相位较励磁绕组电压 $\dot{U}_f$ 相差 90°电角度并保持不变，然后用电位器来调节控制电压的大小，对伺服电动机进行控制。当控制电压 $\dot{U}_c=0$，则转速为 0，电动机停转。

（2）相位控制　相位控制是保持控制电压 $\dot{U}_c$ 的幅值不变，通过调节控制电压 $\dot{U}_c$ 的相位，从而改变控制电压 $\dot{U}_c$ 与励磁电压 $\dot{U}_f$ 之间的相位角来控制电动机的转速，其原理如图 4-7 所示。通过移相器可以改变控制电压 $\dot{U}_c$ 与励磁电压 $\dot{U}_f$ 之间的相位角，当其相位角为 0°时，则转速为 0，电动机停转。

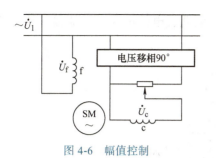

图 4-6　幅值控制

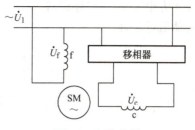

图 4-7　相位控制

（3）幅相控制　幅相控制是指通过同时改变控制电压 $\dot{U}_\mathrm{c}$ 的幅值及 $\dot{U}_\mathrm{c}$ 与 $\dot{U}_\mathrm{f}$ 之间的相位角来控制电动机的转速。具体方法是在励磁绕组回路中串入一个移相电容 C，再接到稳压电源 $\dot{U}_1$ 上，这时励磁绕组上的电压 $\dot{U}_\mathrm{f} = \dot{U}_1 - \dot{U}_\mathrm{Cf}$，控制绕组上加与 $\dot{U}_1$ 相同的控制电压 $\dot{U}_\mathrm{c}$。那么当改变控制电压 $\dot{U}_\mathrm{c}$ 的幅值来控制电动机转速时，由于转子绕组与励磁绕组之间的耦合作用，励磁绕组的电流也随着转速的变化而发生变化，使励磁绕组两端的电压 $\dot{U}_\mathrm{f}$ 及电容 C 上的电压 $\dot{U}_\mathrm{Cf}$ 也随之变化。这样改变 $\dot{U}_\mathrm{c}$ 幅值的结果是 $\dot{U}_\mathrm{c}$、$\dot{U}_\mathrm{f}$ 的幅值及它们之间的相位角都发生变化，所以属于幅值和相位复合控制方式，如图 4-8 所示。当控制电压 $\dot{U}_\mathrm{c} = 0$ 时，电动机的转速为 0，电动机停转。

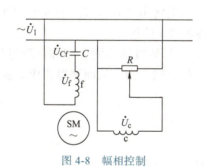

图 4-8　幅相控制

在幅相控制方式中，在选择励磁回路中所接的电容时，要尽量使电动机起动时两相绕组产生的磁动势大小相等、相位差为 90°，以保证电动机有良好的起动性能。

在三种控制方法中，虽然幅相控制的机械特性和调节特性最差，但由于这种方法所采用的控制设备简单，不用移相装置，应用最为广泛。

4. 伺服电动机的应用

伺服电动机在自动控制系统中作为执行元件，当输入控制电压后，伺服电动机能按照控制信号的要求驱动工作机械。伺服电动机在工业机器人、机床、各种测量仪器、办公设备以及计算机关联设备等场合获得广泛应用。下面介绍交流伺服电动机在测温仪表电子电位差计中的应用。

图 4-9 为电子电位差计原理图。该系统主要由热电偶、电桥电路、变流器、放大器与交流伺服电动机等组成。

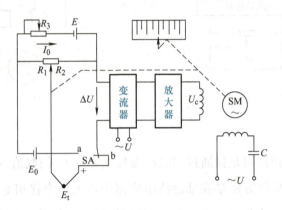

图 4-9 电子电位差计原理图

在测温前，将开关 SA 扳到 a 位，将电动势 E_0 的标准电池接入；然后调节 R_3，使 $I_0(R_1+R_2)=E_0$，$\Delta U=0$，此时的电流 I_0 为标准值。在测温时，要保持 I_0 为恒定的标准值。

在测量温度时，将开关 SA 扳向 b 处，将热电偶接入。热电偶将被测的温度转换成热电动势 E_t，而电桥电路中电阻 R_2 上的电压 I_0R_2 是用来平衡 E_t 的，当两者不相等时将产生不平衡电压 ΔU，而 ΔU 经过变流器变换为交流电压，再经过放大器放大，用来驱动伺服电动机 SM。电动机经减速后带动测温仪指针偏转，同时驱动滑线电阻器的滑动端移动。当滑线电阻器 R_2 达到一定值时，电桥达到平衡，伺服电动机停转，指针停留在一个转角 α 处。由于测温仪的指针被伺服电动机所驱动，而偏转角度 α 与被测温度 t 之间存在着对应的关系，因此，可从测温仪刻度盘上直接读得被测温度 t 的值。

当被测温度上升或下降时，ΔU 的极性不同，亦即控制电压的相位不同，使得伺服电动机正向或反向运转，电桥电路重新达到平衡，从而测得相应的温度。

任务实施

一、说明直流伺服电动机的型号

以 JSF-60-40-30-DF-100 为例说明直流伺服电动机的型号参数。

1）JSF：无电刷直流伺服电动机。
2）60：电动机的外径（单位为 mm）。
3）40：额定功率，以 10W 为单位，此时的额定功率为 400W。
4）30：额定转速，以 100r/min 为单位，此时的额定转速为 3000r/min。
5）D：额定电压，A—24V；B—36V；C—48V；D—72V。
6）F：装配选项，K—键槽；F—扁平轴；S—光轴；G—减速机；P—特殊制作。
7）100：编码器的分辨率。

二、说明交流伺服电动机的型号

以 SM100-050-30LFB 为例说明交流伺服电动机的型号参数。

1）SM：表示电动机为正弦交流信号驱动的永磁同步交流伺服电动机。
2）100：电动机的外径（单位为 mm）。
3）050：电动机的额定转矩（单位为 N·m），其值为三位数乘以 0.1。

4) 30：电动机的额定转速（单位为 r/min），其值为两位数乘以 100。

5) L 或 H：电动机适配驱动器的工作电压，L—AC 220V；H—AC 380V。

6) F、F1 或 R1：表示反馈元件的规格，F—复合式增量编码器；F1—省线式增量编码器；R1—对极旋转变压器。

7) B：电动类型，基本型。

三、对比交直流伺服电动机

根据所学内容，查阅相关资料，从结构、机械特性、有无可能出现"自转"现象和效率等方面进行比较，建立感性认识，能根据具体使用情况合理选用。

▶▶ 任务评价

任务评价表见表 4-2。

表 4-2　任务评价表

序号	评价内容	考核要求	评分标准	配分	评分
1	说明直流伺服电动机的型号	说明直流伺服电动机型号参数的意义	说明错误一处扣 2 分	20	
2	说明交流伺服电动机的型号	说明交流伺服电动机型号参数的意义	说明错误一处扣 2 分	20	
3	电动机的结构比较	比较交直流电动机的结构，说明异同点和适用场合	说明错误一处扣 5 分	20	
4	机械特性比较	比较交直流电动机的机械特性，说明优缺点	说明错误一处扣 2 分	10	
5	"自转"现象	说明交直流电动机有无可能产生"自转"现象，阐述原因及如何尽可能避免	说明错误一处扣 2 分	10	
6	选择原则	说明交直流电动机选择原则，能根据具体使用情况合理选用	说明错误一处扣 5 分	20	

任务 2　步进电动机的应用

步进电动机的应用十分广泛，如经济型数控机床中刀具的进给、绘图机、机器人、计算机的外部设备及自动记录仪表等。它主要应用于工作难度大、速度快及精度高的场合，尤其是电力电子技术和微电子技术的发展，为步进电动机的应用开辟了十分广阔的前景。

▶▶ 学习任务单

"步进电动机的应用"学习任务单见表 4-3。

表 4-3 "步进电动机的应用"学习任务单

项目 4	常用控制电机应用	学时	
任务 2	步进电动机的应用	学时	
任务描述	结合实物、图形方式了解步进电动机的分类,识读其铭牌参数的意义,熟悉步进电动机的性能、电气特征和工作特性等主要指标,正确选用步进电动机		
任务流程	弄清步进电动机的类别→了解使用注意问题→熟悉铭牌参数→了解步进电动机的型号及产品系列		

任务引入

步进电动机是一种将电脉冲信号转换成相应角位移的电动机,每当一个电脉冲加到步进电动机的控制绕组上时,它的轴就转动一定的角度,角位移量与电脉冲数成正比,转速与脉冲频率成正比,又被称为脉冲电动机。在数字控制系统中,步进电动机常用作执行元件,如步进电动机在数控开环系统中的应用。

步进电动机按相数分为单相、两相、三相和多相等形式,按照励磁方式分为反应式、永磁式和混合式三种。反应式步进电动机的定、转子铁心都由硅钢片叠压而成,永磁式步进电动机的转子用永磁材料制成,二者定子上有绕组,混合式步进电动机综合了反应式和永磁式的优点,其定子上有多相绕组、转子上采用永磁材料,转子和定子上均有多个小齿以提高步矩精度。下面以三相反应式步进电动机为例,介绍步进电动机的结构、工作原理及应用。

知识学习

一、步进电动机的结构

反应式步进电动机具有结构简单、反应灵敏及速度快等优点并得到广泛应用。反应式步进电动机的定子相数一般为 2～6 个,定子磁极数为定子相数的 2 倍,图 4-10 所示为三相反应式步进电动机的典型结构示意图,定子上有均匀分布的六个磁极,每两个相对的磁极组成一相,同一相上的控制绕组可以并联或串联,有三相绕组;转子铁心上没有绕组,只有四个齿,齿宽等于定子极靴宽。

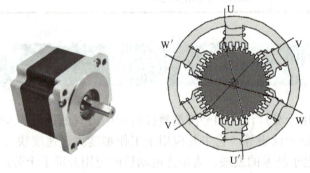

图 4-10 三相反应式步进电动机的典型结构示意图

二、步进电动机的工作原理

三相反应式步进电动机单三拍控制时的工作原理如图 4-11 所示。当 U 相控制绕组通电,V、W 两相控制绕组不通电时,由于磁力线总是通过磁阻最小的路径闭合,转子将受到磁阻转矩的作用，使转子齿 1 和 3 与定子 U 相磁极轴线对齐，如图 4-11a 所示。此时磁力线所通过的磁路磁阻最小，磁导最大，转子只受径向力而无切向力作用，转子停止转动。当 V 相控制绕组通电，U、W 两相控制绕组不通电时，与 V 相磁极最近的转子齿 2 和 4 会旋转到与 V 相磁极相对，转子顺时针转过 30°，如图 4-11b 所示。当 W 相控制绕组通电，U、V 两相控制绕组不通电，与 W 相磁极最近的转子齿 1 和 3 会旋转到与 W 相磁极相对，转子再次顺时针转过 30°，如图 4-11c 所示。这样按 U-V-W-U 的顺序轮流给各相控制绕组通电，转子就会在磁阻转矩的作用下按顺时针方向一步一步地转动。步进电动机的转速取决于绕组变换通电状态的频率，即输入脉冲的频率，旋转方向取决于控制绕组轮流通电的顺序，若通电顺序为 U-W-V-U，则步进电动机反向旋转。控制绕组从一种通电状态变换到另一种通电状态叫作"一拍"，每一拍转子转过的角度称为步距角 θ_b。

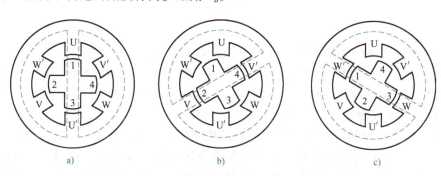

图 4-11 三相反应式步进电动机单三拍控制时的工作原理
a）U 相通电　b）V 相通电　c）W 相通电

上面通电方式的特点是，每次只有一相控制绕组通电，切换三次为一个循环，称为三相单三拍控制方式。三相单三拍控制方式由于每次只有一相通电，转子在平衡位置附近来回摆动，运行不稳定，很少采用。三相步进电动机除了单三相控制方式外，还有三相双三拍控制方式和三相单、双六拍控制方式。

三相双三拍控制的通电顺序为 UV-VW-WU-UV，每次有两相绕组同时通电，每一循环也需要切换三次，步距角与三相单三拍控制方式相同，也为 30°。

三相单、双六拍控制方式的通电顺序为 U-UV-V-VW-W-WU-U，如图 4-12 所示，首先 U 相通电，然后 U、V 两相同时通电，再断开 U 相使 V 相单独通电，再使 V、W 两相同时通电，依此顺序不断轮流通电，完成一次循环需要六拍。三相六拍控制方式的步距角只有三相单三拍和双三拍的一半，为 15°。

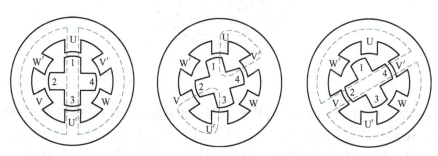

图 4-12 步进电动机的三相单、双六拍控制方式

三相双三拍控制方式和三相六拍控制方式在切换过程中始终保证有一相持续通电，力图使转子保持原有位置，工作比较平稳。单三拍控制方式没有这种作用，在切换瞬间，转子失去自锁能力，容易失步（即转子转动步数与拍数不相等），在平衡位置也容易产生振荡。

设转子齿数为 Z_r，转子转过一个齿距需要的拍数为 N，则步距角为

$$\theta_b = \frac{360°}{Z_r N} \tag{4-2}$$

每输入一个脉冲，转子转过 $\frac{1}{Z_r N}$ 转，若脉冲电源的频率为 f，则步进电动机转速为

$$n = \frac{60f}{Z_r N} \tag{4-3}$$

可见，磁阻式步进电动机的转速取决于脉冲频率、转子齿数和拍数，与电压和负载等因素无关。在转子齿数一定时，转速与输入脉冲频率成正比，与拍数成反比。

三相磁阻式步进电动机模型的步距角太大，难以满足生产中小位移量的要求，为了减小步距角，实际中将转子和定子磁极都加工成多齿结构。

图 4-13 为小步距角的三相反应式步进电动机结构示意图，转子齿数为 $Z_r=40$ 个，齿沿转子圆周均匀分布，齿和槽的宽度相等，齿间夹角为 9°；定子上有六个磁极，每极的极靴上均匀分布有五个齿，齿宽和槽宽相等，齿间夹角也是 9°。磁极上装有控制绕组，相对两个极的绕组串联起来并且连接成三相星形。每个定子磁极的极距为 60°，每个极距所占的齿距数不是整数，当 U–U′ 相绕组通电，U–U′ 相磁极下的定、转子齿对齐时，V–V′ 磁极和 W–W′ 磁极下的齿就无法对齐，依次错开 1/3 齿距角（即错开 3°）。一般地，m 相异步电动机，依次错开的距离为 $1/m$ 齿距。

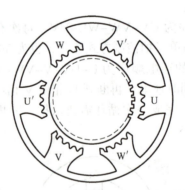

图 4-13　小步距角的三相反应式步进电动机结构示意图

如果采用三相单三拍通电方式进行控制，当 U 相通电时，U 磁极的定子齿和转子齿完全对齐，而 V 磁极和 V 磁极下的定子齿和转子齿无法对齐，依次错开 1/3 和 2/3 齿距（即 3° 和 6°）；当 U 相断电，V 相通电时，V 磁极下的定子齿和转子齿就会完全对齐，转子转过 1/3 齿距；同样地，当 V 相断电，W 相通电时，转子会再次转过 1/3 齿距。不难看出，通电方式循环改变一轮后，转子就转过一个齿距。

图 4-13 所示的步进电动机的齿距角为 9°，采用三相单三拍通电时，通电方式循环一轮需要三拍，则步距角 θ_b 为 3°，也可由步距角计算公式计算得出步距角为

$$\theta_b = \frac{360°}{Z_r N} = \frac{360°}{40 \times 3} = 3°$$

设控制脉冲的频率为 f，则转子转速为

$$n = \frac{60f}{Z_r N} = \frac{60f}{40 \times 3} = \frac{f}{2}$$

如果采用三相六拍通电时，步距角为

$$\theta_b = \frac{360°}{Z_r N} = \frac{360°}{40 \times 6} = 1.5°$$

设控制脉冲的频率为 f，则转子转速为

$$n = \frac{60f}{Z_r N} = \frac{60f}{40 \times 6} = \frac{f}{4}$$

转子转过一个齿距所需的运行拍数取决于步进电动机的相数和通电方式，增加相数也可以减小步距角。但相数增多，所需驱动电路就越复杂。常用的步进电动机除了三相以外，还有四相、五相和六相。

三、步进电动机的静态指标术语

（1）拍数　步进电动机完成一个磁场周期性变化所需脉冲数，或转过一个齿距角所需脉冲数。以四相步进电动机为例，有四相四拍运行方式即 AB-BC-CD-DA-AB，四相八拍运行方式即 A-AB-B-BC-C-CD-D-DA-A。

（2）步距角　步距角也称为步距，是指步进电动机改变一次通电方式转子转过的角度。步距角与定子绕组的相数、转子的齿数和通电方式有关。步进电动机转子转过的角位移用 θ_b 表示。θ_b=360°/（转子齿数 Z_r × 运行拍数 N），以常规二、四相，转子齿为 50 齿的电动机为例，四拍运行时步距角为 θ_b=360°/（50×4）=1.8°（俗称整步），八拍运行时步距角为 θ_b=360°/（50×8）=0.9°（俗称半步）。目前我国步进电动机的步距角为 0.36°～90°，常用的有 7.5°/15°、3°/6°、1.5°/3°、0.9°/1.8°、0.75°/1.5°、0.6°/1.2° 和 0.36°/0.72° 等几种。

（3）最大静转矩　步进电动机的静特性，是指步进电动机在稳定状态（即步进电动机处于通电状态不变，转子保持不动的定位状态）时的特性，包括静转矩、矩角特性及静态稳定区。静转矩是指步进电动机处于稳定状态下的电磁转矩。在稳定状态下，如果在转子轴上加上负载转矩使转子转过一定角度 θ，并能稳定下来，这时转子受到的电磁转矩与负载转矩相等，该电磁转矩即为静转矩，而角度 θ 即为失调角。对应于某个失调角时，静转矩最大，称为最大静转矩。静转矩是衡量步进电动机体积（几何尺寸）的标准，与驱动电压及驱动电源等无关。

（4）步距角精度　步进电动机每转过一个步距角的实际值与理论值的误差。用百分比表示为（误差/步距角）×100%。不同运行拍数其值不同，四拍运行时应在 5% 之内，八拍运行时应在 15% 以内。

（5）失步　步进电动机运转时的步数不等于理论上的步数，称之为失步。

（6）失调角　转子齿轴线偏移定子齿轴线的角度。步进电动机运转必然存在失调角，由

失调角产生的误差采用细分驱动是不能解决的。

（7）步进电动机的工作频率　一般包括起动频率、制动频率和连续运行频率。对同样的负载转矩来说，正、反向的起动频率和制动频率是一样的，所以一般技术数据中只给出起动频率和连续运行频率。

1）步进电动机起动频率 f_{st}：是指在一定负载转矩下能够不失步起动的最高脉冲频率。f_{st} 的大小与驱动电路和负载大小有关。步距角 θ_b 越小，负载越小，则起动频率越高。

2）步进电动机连续运行频率 f：是指步进电动机起动后，当控制脉冲连续上升时，能不失步运行的最高频率，负载越小，连续运行频率越高。在带动相同负载时，步进电动机的连续运行频率比起动频率高得多。

（8）最大空载起动频率　步进电动机在某种驱动形式、电压及额定电流下，在不加负载的情况下，能够直接起动的最大频率。

（9）最大空载的运行频率　步进电动机在某种驱动形式、电压及额定电流下，不带负载的最高转速频率。

（10）运行矩频特性　步进电动机在某种测试条件下测得运行中输出力矩与频率关系的曲线称为运行矩频特性，这是步进电动机诸多动态曲线中最重要的，也是步进电动机选择的根本依据。当步进电动机的控制绕组的电脉冲时间间隔大于其机电过渡过程所需的时间，步进电动机进入连续运行状态时，步进电动机产生的转矩称为动态转矩。步进电动机的动态转矩和脉冲频率的关系称为矩频特性。步进电动机的动态转矩随着脉冲频率的升高而降低。

四、步进电动机的型号说明

1. 反应式步进电动机的型号表示

型号为 110BF3 的反应式步进电动机的含义如下：
110：电动机的外径（单位为 mm）。
BF：反应式步进电动机。
3：定子绕组的相数。

2. 混合式步进电动机的型号表示

型号为 55BYG4 的混合式步进电动机的含义如下：
55：电动机的外径（单位为 mm）。
BYG：混合式步进电动机。
4：励磁绕组的相数。

五、步进电动机的应用

步进电动机是用脉冲信号控制的，步距角和转速大小不受电压波动和负载变化的影响，也不受各种环境条件诸如温度、压力、振动和冲击等影响，而仅仅与脉冲频率成正比，通过改变脉冲频率的大小可以大范围地调节电动机的转速，并能实现快速起动、制动和反转，而且有自锁的能力，不需要机械制动装置，不经减速器也可获得低速运行。它每转过一周的步数是固定的，只要不失步，角位移误差不存在长期积累的情况，主要应用于高精度的控制系统中，运行可靠。如果采用位置检测和速度反馈，亦可实现闭环控制。

步进电动机已广泛地应用于数字控制系统中，如数/模转换装置、数控机床、计算机外围设备、自动记录仪和钟表等，另外在工业自动化生产线、印刷设备等中亦有应用。图4-14为步进电动机在线切割机床上的应用示意图。

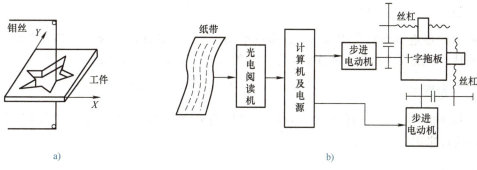

图 4-14 步进电动机在线切割机床上的应用示意图

a) 十字拖板示意图　b) 工作原理示意图

数控线切割机床是采用专门计算机进行控制，并利用钼丝与被加工工件之间电火花放电所产生的电蚀现象来加工复杂形状的金属冲模或零件的一种机床。在加工过程中钼丝的位置是固定的，而工件则固定在十字拖板上，如图 4-14a 所示，通过十字拖板的纵横运动完成对加工工件的切割。

图 4-14b 所示为线切割机床工作原理示意图。数控线切割机床在加工零件时，先根据图样上零件的形状、尺寸和加工工序编制计算机程序，并将该程序记录在穿孔纸带上，而后由光电阅读机读出后进入计算机，计算机就对每一方向的步进电动机给出控制电脉冲（这里十字拖板 X、Y 方向的两根丝杠，分别由两台步进电动机拖动），指挥两台步进电动机运转，通过传动装置拖动十字拖板按加工要求连续移动进行加工，从而切割出符合条件的零件。

▶▶ 任务实施

一、认识步进电动机的驱动电源

图 4-15 所示为步进电动机的驱动电源，主要包括变频信号源、脉冲分配器和脉冲放大器 3 部分。步进电动机由专用的驱动电源供电，驱动电源与步进电动机组成一套伺服装置来驱动负载工作。

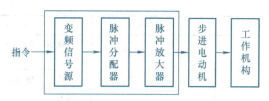

图 4-15 步进电动机的驱动电源

1. 变频信号源

变频信号源是一个频率从几十赫兹到几千赫兹连续变化的信号发生器，变频信号源可采用多种线路，最常用的有多频振荡器和单结晶体管结构的石英振荡器两种，通过调节电阻和电容的大小来改变电容充放电的时间常数，选取脉冲信号频率。

2. 脉冲分配器

脉冲分配器是由门电路和双稳态触发器组成的逻辑电路，根据指令把脉冲信号按一定的逻辑关系加到放大器上，使步进电动机按一定的运行方式运转。

3. 脉冲放大器

步进电动机的驱动电源可以达几安到几十安，从脉冲分配器输出的电流只有几毫安，不能直接驱动步进电动机。在脉冲分配器后面需要有功率放大电路作为脉冲放大器，经功率放大后的电脉冲信号可直接输出到定子各相绕组中去控制步进电动机工作。

二、选择步进电动机

工程上的步进电动机应用以反应式步进电动机为主，选用时可按其主要参数从产品样本或设计手册上确定其他参数，从而确定电动机的型号。主要步骤如下：

1. 选定步距角 θ_b

根据每个脉冲对应的线位移和可能的传动比确定步进电动机的步距角。当步距角选定之后，可以反过来确定传动比。

2. 选择最大静转矩

根据负载阻力或阻力矩、传动比和传动效率，推算出步进电动机的负载，并按 30%～50% 的负载转矩选择步进电动机的最大静转矩。

3. 选择运行频率

按负载需要的速度及步距角选择运行频率。

4. 选择相数

一般来讲，相数增加，步距角变小，起动频率和运行频率都相应提高，从而提高电动机运行的稳定性。通常采用三相、四相和五相。

任务评价

任务评价表见表4-4。

表4-4 任务评价表

序号	评价内容	考核要求	评分标准	配分	评分
1	说明步进电动机的结构	说明直流伺服电动机型号参数的意义	说明错误一处扣2分	10	
2	说明步进电动机的工作原理	说明步进电动机的几种工作方式的意义	说明错误一处扣2分	30	
3	说明步进电动机的静态参数术语	说明步进电动机的几种主要静态参数术语的意义	说明错误一处扣5分	20	
4	描述步进电动机在线切割机床中的应用	简单描述步进电动机在线切割机床中应用的工作过程及部件作用	说明错误一处扣5分	15	
5	认识步进电动机的驱动电源	描述步进电动机的驱动电源组成及各部分作用	说明错误一处扣2分	10	
6	选择步骤	说明交直流电动机选择原则，能根据具体使用情况合理选用	说明错误一处扣5分	15	

阅读与应用一 伺服电动机常见故障及排除

1. 交流伺服电动机常见故障及排除

交流伺服电动机常见故障及排除方法见表4-5。

项目4 常用控制电机应用

表 4-5 交流伺服电动机常见故障及排除方法

故障现象	故障原因	排除方法
接线松开	连接不牢固	使接线连接牢固
插座脱焊	虚焊	检查脱焊点并使其焊接牢固
位置检测装置故障	无输出信号	更换反馈装置
电磁阀得电不松开，失电不制动	电磁制动故障	更换电磁阀

2. 直流伺服电动机常见故障及排除

直流伺服电动机常见故障及排除方法见表4-6。

表 4-6 直流伺服电动机常见故障及排除方法

故障现象	故障原因	排除方法
低速加工时工件表面有大的振纹	1. 速度环增益设定不当 2. 电动机的永磁体局部退磁 3. 电动机性能下降，纹波过大	1. 检查增益参数，按说明书正确设定参数 2. 采用交换法，判断重新充磁 3. 更换电动机
在运转、停车或变速时有振动	1. 脉冲编码器工作不良 2. 绕组对地短路或绕组之间短路 3. 电动机接触不良	1. 测量脉冲编码器的反馈信号，更换编码器 2. 排除短路点，处理好接地和屏蔽 3. 重新调整安装电动机
电动机运行时噪声太大	1. 换向器接触面粗糙，换向器局部短路 2. 轴向间隙过大	1. 检查并更换换向器 2. 利用数控装置进行螺距误差、反向间隙补偿
直流伺服电动机不转	1. 电源线接触不良或断线 2. 没有驱动信号 3. 永磁体脱落 4. 制动器未松开 5. 电动机本身故障	1. 正确连接或更换电源线 2. 检查信号驱动线路，确保信号线连接可靠 3. 更换永磁体或电动机 4. 检查制动器，确保制动器能正常工作 5. 维修或更换电动机
旋转时有大的冲击	1. 负载不均匀 2. 输出给电动机的电压纹波太大 3. 电枢绕组内部有短路 4. 电枢绕组对地短路 5. 脉冲编码器工作不良	1. 分析改善切削条件 2. 更换测速发电机 3. 采用稳压电源 4. 排除故障点，处理好接地和屏蔽 5. 更换编码器

阅读与应用二　步进电动机常见故障及排除

步进电动机常见故障及排除方法见表4-7。

表 4-7 步进电动机常见故障及排除方法

故障现象	故障原因	排除方法
电动机故障	不是连续运行，或有驱动脉冲但电动机不运行	更换电动机
工作过程中停车	1. 驱动电源有故障 2. 驱动电路有故障 3. 电动机绕组损坏 4. 电动机匝间短路或绕组接地 5. 杂物卡住	1. 检查驱动电源的输出，确保输出正常 2. 更换驱动器 3. 更换电动机绕组 4. 处理短路或更换电动机绕组 5. 清理杂物
电动机异常发热	电源线R、S、T连接不正确	正确连接R、S、T电源线

(续)

故障现象	故障原因	排除方法
电动机尖叫	CNC（计算机数控）中与伺服驱动有关的参数设定、调整不当	正确设定相关参数
工作时噪声特别大，低频旋转时有进二退一现象，高速上不去	1. 电源线相序有误 2. 电动机运行在低频区或共振区 3. 纯惯性负载、正反转频繁	1. 调整电源线相序 2. 调整加工切削参数 3. 重新考虑机床的加工能力
发生"闷车"现象	1. 驱动器故障 2. 电动机故障 3. 电动机定、转子间的间隙过大 4. 负载过重或切削条件不良	1. 检查驱动器，确保有正常的输出 2. 更换电动机 3. 调整电动机定、转子间的间隙 4. 改善加工条件，减轻负载
步进电动机失步或多步	1. 负载过大 2. 负载忽大忽小，毛坯余量分配不均匀 3. 负载转动惯量过大，起动时失步、停车时过冲 4. 传动间隙大小不均匀 5. 传动间隙使零件产生弹性变形 6. 电动机工作在振荡失步区 7. 干扰 8. 电动机故障	1. 重新调整加工程序切削参数 2. 调整加工条件 3. 重新考虑负载的转动惯量 4. 进行机械传动精度检验，进行螺距误差补偿 5. 针对零件材料重新考虑加工方案 6. 根据电动机的运行速度和工作频率调整加工参数 7. 处理好接地，做好屏蔽 8. 更换电动机

阅读与应用三　500V无人机电动机实现国内首创

无人机是目前的热门产业和话题，在军工、安防、物流、医疗、农业领域得到了广泛运用，但截至2018年国内掌握无人机核心技术之———电动机技术的企业却不到十家。双捷科技作为一匹"黑马"，其电动机技术获国内首创并取得专利。这家中国企业具有自主知识产权的500V高压电动机技术，为国内首创，并且取得大功率新能源无人机动力系统的电动机专利。

资料显示，这款电动机系高压无刷无人机动力系统，直流供电为500V，额定电流为13A时单个电动机可以产生50N的拉力，峰值电流30A时单个电动机拉力可以达到80~100N。该系统省去了无人机上的降压模块，使用超细高压系留线直接为飞机上的高压电动机供电，采用高电压（DC 100~500V或以上）低电流（额定电流小于15A）的供电设计，提高各个动力系统效率。这样不仅极大地降低了电动机的工作温度，还提高了电动机的效率。

另外，针对高空大型系留飞行系统，通过大幅度降低H7高压电动机的电流，在提供大拉力的同时，使得系留线变得更轻更细，减轻了飞行平台的无效负载。由于是高压系留线直接对H7高压电动机供电，不再需要在系留飞行系统挂载沉重和昂贵的降压模块和散热系统，不但大幅度减轻了机身重量，也大幅度降低了制造成本。这款电动机有效地减轻输电线的重量和飞行器的机身重量，将会成为工业无人机行业动力系统的主流，在技术上具有革命性意义。

资料来源：https://www.sohu.com/a/235042373_319844，有改动

项目 5 变压器运行维护及应用

项目概述

在现代工业生产及日常生活中，变压器贯穿在电能的生产、传输、分配和使用的各个环节，具有极其广泛的应用。变压器是利用电磁感应的原理工作的，这一点与旋转电动机相似，变压器可以看作是一台静止的交流电动机。与旋转电动机的能量转换不同，变压器只能起到能量传递的功能。

本项目以 3 个任务为载体，通过变压器的检测、极性判别和变压器的应用，熟悉变压器结构、工作原理、分类和铭牌参数含义，熟悉其使用方法和使用注意事项，能进行常见故障的分析排查。

学习目标

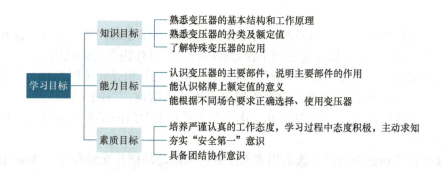

任务 1 单相变压器运行维护

学习任务单

"单相变压器运行维护"学习任务单见表 5-1。

表 5-1 "单相变压器运行维护"学习任务单

项目 5	变压器运行维护及应用	学时	
任务 1	单相变压器运行维护	学时	
任务描述	结合实物、极性判别等方式熟悉变压器的结构，了解其工作原理，了解变压器的分类，识读其铭牌参数的意义，根据不同场合要求正确选择、使用变压器		
任务流程	观察变压器的基本结构→熟悉各主要部件的作用→分析变压器的工作原理→弄清变压器的类别→了解使用注意问题→熟悉铭牌参数→了解变压器的型号及产品系列→熟悉变压器极性判别方法→验收评价		

任务引入

变压器是利用电磁感应原理制成的静止的交流电气设备。不同类型的变压器在结构上各有特点，但它们的基本结构和工作原理大致相同。单相变压器常用于单相交流电路中，主要构件包括一次绕组、二次绕组和铁心，主要功能有电压变换、电流变换和阻抗变换等。

知识学习

一、变压器的结构

变压器主要由铁心和绕组两部分组成，其结构如图 5-1 所示。

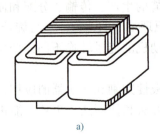

图 5-1 变压器的结构
a）心式变压器 b）壳式变压器

1. 铁心

铁心的作用是构成变压器的磁路，同时作为绕组的支撑骨架。铁心分铁心柱和铁轭两部分，铁心柱上装有绕组，铁轭是连接两个铁心柱的部分，其作用是使磁路闭合。

根据铁心结构型式的不同，变压器分为心式（图 5-1a）和壳式（图 5-1b）两种，心式变压器特点是绕组包围铁心，功率大的变压器多采用心式结构，以减小铁心体积，节省材料，方便散热。壳式变压器是铁心包围绕组，其特点是可省去专门的保护包装外壳，小型变压器采用壳式变压器。

为了减小涡流和磁滞损耗，铁心用表面涂有绝缘漆的硅钢片交错叠压（减小气隙）而成，厚度为 0.35～0.5mm。图 5-2 为三相心式变压器铁心奇、偶层硅钢片叠装方法示意图。

2. 绕组

变压器的绕组由两个或多个绕组组成。与电源相连的绕组称为一次绕组，与负载相连的绕组称为二次绕组。对于降压变压器，一次绕组是高压绕组，二次绕组是低压绕组。绕组是变压器的电路部分，常用绝缘铜线或铝线绕制而成，近年来也有用铝箔绕制的。一般电力变压器的绕组为圆形。为了防止短路，绕组与绕组、绕组与铁心之间要有良好的绝缘。一般低压绕组靠近铁心便于绝缘，如图 5-3 所示。

3. 其他部件

除了铁心和绕组外，变压器还有一些其他部件，例如油浸式电力变压器的铁心和绕组通常浸在油箱中，变压器油有绝缘和散热作用，为增强散热作用，油箱外还装有散热油管；此外，油箱上还装有为引出高低压绕组而使用的高低压绝缘套管，以及防爆管、油枕、调压开关和温度计等附属部件。其结构如图 5-4 所示。

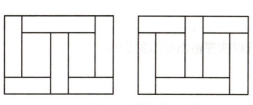

图 5-2　三相心式变压器铁心奇、偶层硅钢片叠装方法示意图

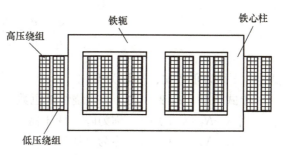

图 5-3　变压器的铁心和绕组

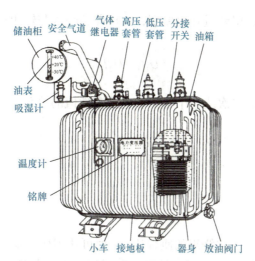

图 5-4　油浸式电力变压器的结构

二、变压器的工作原理

变压器主要由铁心和套在铁心上的两个（或两个以上）互相绝缘的线圈所组成，线圈之间有磁耦合，但没有电的联系，如图 5-5 所示。一次绕组的物理量均以下标 1 表示，二次绕组的物理量均以下标 2 表示。其中 N_1 为一次绕组匝数，N_2 为二次绕组匝数。

图 5-5　变压器工作原理

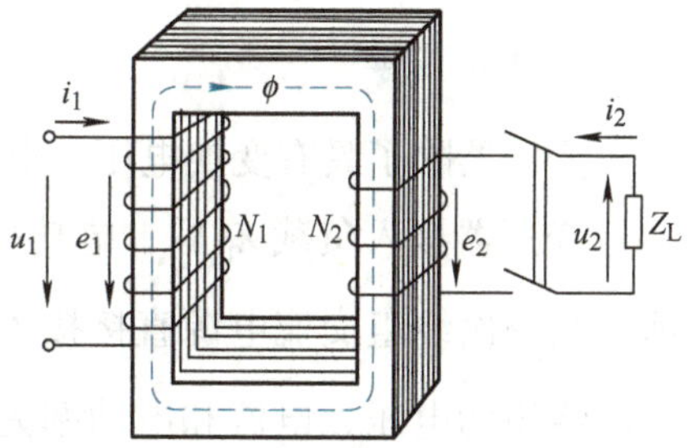

1. 电压变换

变压器空载运行时，当在一次绕组加上交流电源电压 u_1，绕组中通过的交流电流为 i_1 时，在铁心磁路中产生交变磁通。在不计一次、二次绕组的电阻、漏磁通的情况下，可看作理想变压器。据电磁感应定律，在一次、二次绕组中产生的感应电动势和电压的瞬时值分别为

$$
\begin{aligned}
u_1 &= -e_1 = N_1 \frac{\mathrm{d}\phi}{\mathrm{d}t} \\
u_2 &= -e_2 = N_2 \frac{\mathrm{d}\phi}{\mathrm{d}t}
\end{aligned}
\tag{5-1}
$$

理想变压器，一次、二次绕组的电压、电动势和匝数之间的关系为

$$\frac{u_1}{u_2}=\frac{e_1}{e_2}=\frac{N_1}{N_2}=\frac{U_1}{U_2}=k \tag{5-2}$$

式中，k 称为匝数比，亦称为变比。

上式表明，改变一次、二次绕组的匝数，就可以改变输出电压的大小。

当 $N_1>N_2$（$k>1$）时，称为降压变压器。

当 $N_1<N_2$（$k<1$）时，称为升压变压器。

当 $N_1=N_2$（$k=1$）时，称为隔离变压器（用于负载与电源之间的隔离）。

2. 电流变换

如果忽略铁磁损耗，根据能量守恒原理，变压器的输入与输出电能相等，即

$$U_1 I_1 = U_2 I_2$$

由此可得变压器一次、二次绕组中电压和电流有效值的关系

$$\frac{U_1}{U_2}=\frac{I_2}{I_1}$$
$$\frac{I_1}{I_2}=\frac{1}{k} \tag{5-3}$$

因此，只要改变一次、二次绕组的匝数比 k，便可达到变换输出电压 u_2 或 i_2 大小的目的，这就是变压器利用电磁感应原理，将一种电压等级的交流电源转换成同频率的另一种电压等级的交流电源的基本工作原理。变压器运行时，不管是一次绕组还是二次绕组，匝数越多，两端的电压就越高，通过的电流就越小。

3. 阻抗变换

变压器除了具有变换电压、电流的作用，还有变换阻抗的作用。

变压器接入负载 Z_L 后，电功率从一次绕组通过工作磁通传送到二次绕组。按照等效的原理，当一次绕组交流电源直接接入一个负载 Z'_L 与变压器的二次绕组接入负载 Z_L 两种情况下，一次绕组的电压、电流和电功率完全一样。如图5-6所示，对于交流电源来说，Z'_L 与二次绕组接上负载 Z_L 是等效的。两者用下式计算得出

$$|Z_L|=\frac{U_2}{I_2}$$
$$|Z'_L|=\frac{U_1}{I_1} \tag{5-4}$$
$$|Z'_L|=\frac{(N_1/N_2)U_2}{(N_2/N_1)I_2}=\left(\frac{N_1}{N_2}\right)^2\frac{U_2}{I_2}=k^2|Z_L|$$

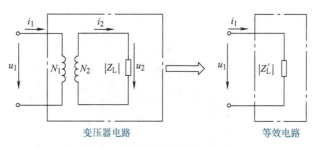

图 5-6　变压器变换阻抗的作用

上式表明，变压器二次绕组接入负载后，等效于一次绕组直接接入 k^2 倍负载阻抗。所以可以采用不同的匝数比把负载变换成所需要的合适数值，通常称为阻抗匹配。在电子电路中，为了使负载获得最大功率输出，要求负载的阻抗与信号源的阻抗满足阻抗匹配，但实际上两者数值往往不满足阻抗匹配的要求，因此，通常在信号源和负载之间绕制一个变压器以达到要求。

三、变压器的分类

变压器在实际应用中可按不同的要求进行不同的分类，其实物图如图 5-7 所示。

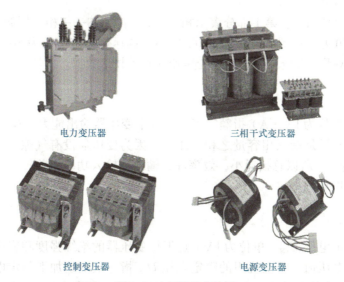

图 5-7　变压器的实物图

（1）按用途分类　可以分为电力变压器和特种变压器两大类。电力变压器主要用于电力系统，又可分为升压变压器、降压变压器、配电变压器和厂用变压器等。特种变压器根据不同系统和部门的要求，提供各种特殊用途，如电炉变压器、整流变压器、电焊变压器、仪用互感器、试验用高压变压器和自耦变压器等。

（2）按绕组构成分类　可分为双绕组、三绕组、多绕组变压器和自耦变压器（单绕组）。

（3）按铁心结构分类　可分为壳式变压器和心式变压器。

（4）按相数分类　可分为单相、三相和多相变压器。

（5）按冷却方式分类　可分为干式变压器、油浸式变压器（油浸自冷式、油浸风冷式和强迫油循环式等）、充气式变压器。

四、变压器的铭牌

每台变压器上都有一个铭牌，标有变压器的型号和各项额定值，用于表示变压器的主要性能和使用条件。图 5-8 所示为某变压器的铭牌。

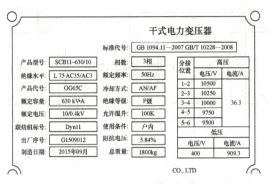

图5-8 变压器铭牌

其主要参数说明如下。

1. 产品型号

变压器型号表示该变压器的系列及主要特点。变压器的型号分两部分，前部分由汉语拼音字母组成，代表变压器的类别、结构特征和用途，后一部分由数字组成，表示产品的容量（kV·A）和高压绕组电压（kV）等级。

汉语拼音字母含义如下。第1部分表示相数：D—单相；S—三相。例如：型号为S-630/10的变压器表示三相电力变压器，容量为630kV·A，高压侧额定电压为10kV。知道了变压器的型号，便可从相关手册及资料中查出该变压器的有关技术数据。

2. 额定容量 S_N

额定容量 S_N（单位为kV·A）指额定工作条件下变压器输出能力（视在功率）的保证值。三相变压器的额定容量是指三相容量之和。注意：因为变压器没有气隙，励磁功率小，而且没有机械损耗（静止）。所以总损耗小，效率高，输出与输入功率相差较小。因此，S_N 既是输入额定值，也是输出额定值。

3. 额定电压 U_{1N} 和 U_{2N}

一次绕组的额定电压 U_{1N}（单位为kV）是根据变压器的绝缘强度和容许发热条件规定的一次绕组正常工作电压值。二次绕组的额定电压 U_{2N} 指一次绕组加上额定电压，分接开关位于额定分接头时，二次绕组的空载电压值。对三相变压器，额定电压指线电压。

4. 额定电流 I_{1N} 和 I_{2N}

额定电流 I_{1N} 和 I_{2N}（单位为A）是根据容许发热条件而规定的绕组长期容许通过的最大电流值。对三相变压器，额定电流指线电流。

对单相变压器：$S_N = U_{2N}I_{2N} = U_{1N}I_{1N}$ （5-5）

对三相变压器：$S_N = \sqrt{3}U_{2N}I_{2N} = \sqrt{3}U_{1N}I_{1N}$ （5-6）

5. 额定频率 f_N

我国的工业频率规定为50Hz。

▶ 任务实施

下面分别用直流法和交流法判别单相变压器绕组的同名端。

同名端：当电流分别流入两个绕组时，如果产生的磁通方向相同，或者当磁通发生变化时，两个绕组中产生的感应电动势方向相同，则将两绕组的流入电流端称为同极性端或同名端，用符号"·"标出。

1. 直流法判别

图 5-9 所示为直流法判别单相变压器绕组同名端电路。按图连接电路，A 和 B 为单相变压器一次、二次侧两待测绕组。开关 S 闭合瞬间，绕组 A 将产生感生电动势从而引起绕组 B 也产生感生电动势，根据直流毫安表（或直流毫伏表）指针方向可判断同极性端。

结论：在如图 5-9 所示电路中，开关闭合瞬间若电流表正向偏转，1 和 3 为同极性端；若反向偏转，1 和 4 为同极性端。

2. 交流法判别

图 5-10 所示为交流法判别单相变压器绕组同名端电路。按图连接电路，A 和 B 为单相变压器一次、二次侧两待测绕组。根据楞次定律可判断绕组中产生的感生电动势的方向，对于交流信号来说，若瞬时方向相同，叠加为求和，若瞬时极性相反，叠加为求差。

结论：在如图 5-10 所示电路中，若测量结果 $U_{13}=U_{12}+U_{34}$，则 1 和 4 为同极性端；若测量结果 $U_{13}=U_{12}-U_{34}$，则 1 和 3 为同极性端（为安全起见，电源 U_{12} 约为 80～100V）。

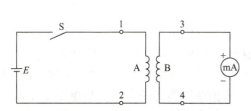

图 5-9 直流法判别单相变压器绕组同名端电路

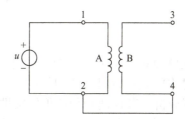

图 5-10 交流法判别单相变压器绕组同名端电路

> **安全操作提示：**
> 1）正确接线，接线、拆线时必须断开电源。
> 2）正确选择量程，当不知道实测值时，应先从大量程开始。
> 3）转换仪表的量程时，必须先断开电源，不能带电转换。

▶▶ 任务评价

任务评价表见表 5-2。

表 5-2 任务评价表

序号	评价内容	考核要求	评分标准	配分	评分
1	准备工作	停电、验电、放电；拆除变压器引线	操作不正确每项扣 2 分；仪表选用、使用不正确每项扣 2 分	10	
2	直流法	直流法判别单相变压器绕组同名端	操作不正确每项扣 10 分；仪表选用、使用不正确每项扣 2 分	40	
3	交流法	交流法判别单相变压器绕组同名端	操作不正确每项扣 10 分；仪表选用、使用不正确每项扣 2 分	40	
4	用电安全	安全操作	违反安全操作扣 10 分	10	

任务2 三相变压器运行维护

学习任务单

"三相变压器运行维护"学习任务单见表5-3。

表5-3 "三相变压器运行维护"学习任务单

项目5	变压器运行维护及应用	学时	
任务2	三相变压器运行维护	学时	
任务描述	熟悉三相变压器的特点和使用方法： 1. 三相变压器的磁路 2. 三相绕组的联结方法 3. 三相变压器的联结组 4. 三相变压器的并联运行		
任务流程	分析三相变压器的磁路→三相绕组的联结方法→三相变压器的联结组→三相变压器的并联运行		

任务引入

现代电力系统均采用三相制供电，因而广泛使用三相变压器。从运行原理来看，三相变压器在对称负载运行时，各相的电压和电流大小相等，相位上彼此相差120°，因此可以任取一相进行分析，其他两相相位再依次推120°即可。三相变压器的任意一相与单相变压器之间没有什么区别，因此前面所述的单相变压器的分析方法及其结论同样适用于三相变压器在对称负载下的运行情况。

本任务主要讨论三相变压器本身的特点，如三相变压器的磁路、三相绕组的联结方法、三相变压器的联结组以及三相变压器的并联运行等问题。

知识学习

一、三相变压器的磁路系统

1. 三相变压器组的磁路

三相变压器组是由三个单相变压器按一定方式联结起来组成的，如图5-11所示。由于每相的主磁通Φ各沿自己的磁路闭合，因此相互之间是独立的。当一次绕组加上三相对称电压时，三相的主磁通必然对称，三相的空载电流也是对称的。

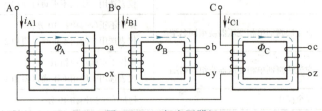

图5-11 三相变压器组

2. 三相心式变压器的磁路图

三相心式变压器的铁心是将变压器组的三个铁心合在一起演变而成的，其铁心结构演化过程如图5-12所示。图5-12a是由三个单相变压器按照彼此相差120°形成立体结构，可以保证磁路对称，但制造成本增加很多。由于磁路对称，此时中间铁心柱内的磁通的相量和为0，可将中间铁心柱省去即成为图5-12b所示形状。为使制造方便，节省材料，减小体积，将三相铁心柱布置在同一平面上，变成图5-12c所示的常用三相心式变压器的铁心结构。

三相心式变压器铁心结构的三相磁路长短不等，中间B相最短，两边A、C相最长，造成三相磁路磁阻不相等。当一次绕组接上三相对称电压时，三相磁通相等，但由于磁路磁阻不等，将使三相空载电流不相等。但一般电力变压器的空载电流很小，因此它的不对称对变压器负载运行的影响很小，可以忽略不计。

目前三相变压器的磁路多采用三相心式变压器的铁心结构，如图5-13所示，而三相变压器组只在少数特定情况下才使用。

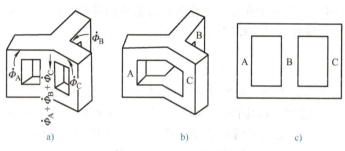
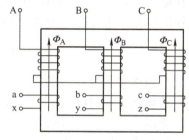

图5-12 三相心式变压器的铁心结构演化过程
a）单相心式铁心的合并 b）铁心的演变 c）三相心式铁心

图5-13 三相心式变压器的铁心结构

上述三相变压器的两种磁路系统各有优缺点，在相同额定容量下，三相心式变压器较三相变压器组效率更高，维护更方便，占地面积更小；而三相变压器组的每一台单相变压器具有制造、运输方便，备用变压器容量较小等优点。所以，对于一些超高压、特大容量的三相变压器，为减少制造和运输困难，常采用三相变压器组，但对于一般容量的场合采用三相心式变压器即可。

二、三相变压器的电路系统

1. 三相变压器绕组的联结法

在三相变压器中，一、二次绕组的联结都主要采用星形和三角形两种方法，如图5-14所示。我国生产的电力变压器常用Yyn、Yd、YNd、Dyn等4种联结方式，其中大写字母表示一次绕组的联结方式，小写字母表示二次绕组的联结方式。字母D或d表示一次绕组或二次绕组的三角形联结，字母Y或y表示一次绕组或二次绕组的星形联结，若同时也把中性点引出，则用YN或yn表示。

2. 三相变压器的联结组

由于变压器一、二次绕组各有星形和三角形的联结方式，因此一次绕组和二次绕组的对应线电动势（或线电压）之间将产生不同的相位差。为了简单明了地表达绕组的联结及对应线电动势（或线电压）之间的相位关系，将变压器一、二次绕组的联结分成不同的组合，称为绕组的联结组。

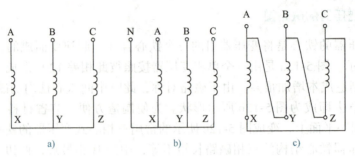

图 5-14 三相变压器绕组的联结

a) Y 联结无中线 b) Y 联结有中线 c) D 联结

联结组标号按照电力变压器的国家标准 GB/T 1094.1—2013《电力变压器 第 1 部分：总则》中的"钟时序数标号表示法"进行确定，即把一次侧相量图在 A 点对称轴位置指向外的相量作为时钟的长针（即分针），始终指向钟面的"12"处，根据一、二次绕组相电动势（或相电压）的相位关系做出的二次侧相量图，其相量图在 a 点对称轴位置处指向外的相量作为时钟的短针（即时针），它所指的钟点数即为该变压器的联结组的标号。

3. 一、二次绕组相电动势的相位关系

（1）单相变压器的联结组　以单相变压器为例，研究由同一主磁通所交链的两个绕组相电动势之间的相位关系（此即电路理论中互感线圈的同名端问题）。由同一主磁通所交链的两个绕组，其两个绕组的相电动势只有同相位和反相位两种情况，它取决于绕组的同名端和绕组的首末端标记。当单相变压器一、二次绕组的同名端为首端时，一、二次绕组相电动势同相位，为 I/I-0 联结组。其中"I/I"表示高、低压绕组均为单相，即单相变压器；"0"表示其联结组的标号。如果将单相变压器一、二次绕组的异名端标为首端，一、二次绕组相电动势相位相反，则为 I/I-6 联结组，如图 5-15 所示。

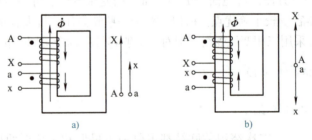

图 5-15 单相变压器联结组

a) I/I-0 联结组 b) I/I-6 联结组

（2）三相变压器的联结组标号　三相变压器的联结组标号不仅与绕组的同名端及首末端的标记有关，还与三相绕组的联结方式有关。根据联结图，用相量图法判断联结组的标号一般可分为四个步骤：

1）标出一、二次绕组相电动势的假定正方向。

2）做出一次侧的电动势相量图，将相量图的 A 点放在钟面的"12"处，相量图按逆时针方向旋转，相序为 A-B-C（相量图的三个顶点 A、B、C 按顺时针方向排列）。

3）判断同一相一、二次绕组相电动势的相位关系，做出二次侧的电动势相量图，相量图按逆时针方向旋转，相序为 a-b-c（相量图的三个顶点 a、b、c 按顺时针方向排列）。

4）确定联结组的标号，观察二次侧的相量图 a 点所处钟面的序数（就是几点钟），即为该联结组的标号。

根据联结组标号以及一个钟点数对应 30° 角,即可确定一、二次侧对应线电动势(或线电压)之间的相位差。

4. 变压器常用联结组

为了制造和使用上的方便,国家规定三相双绕组电力变压器的标准联结组为 Yyn0、Yd11、YNd11、YNy0 和 Yy0 共 5 种,其中前三种最为常用。各种联结组有不同的适用范围,如 Yyn0 多用于容量不超过 1800kV·A,低压电压为 230/400V 的配电变压器,供动力与照明负载。Yd11 用于高压侧电压 35kV 及以下、低压侧电压高于 400V 的配电变压器。YNd11 用于高压侧电压 110kV 及以上且中性点接地的大型、巨型变压器中。Yy0 用于只供给动力负载、容量不太大的变压器。

如图 5-16 所示以 Yy0、Yd11 为例显示其联结组相量关系。Yy0 联结组一、二次绕组都按照星形联结,且同名端都在首端。Yd11 联结组一次绕组为星形联结,二次绕组为三角形逆联结,且同名端同时作为首端。

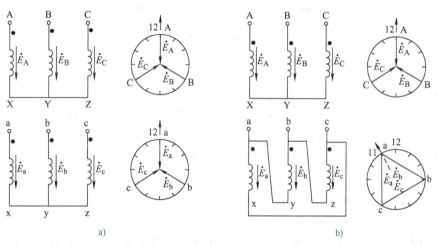

图 5-16 三相变压器联结组示例

a) Yy0 联结组　b) Yd11 联结组

三、三相变压器的并联运行

在电力系统中,常采用多台变压器并联运行的运行方式。所谓并联运行,就是将两台或两台以上的变压器的一次、二次绕组分别并联到公共母线上,同时对负载供电。两台三相 Yy0 联结组变压器并联运行接线图如图 5-17 所示。

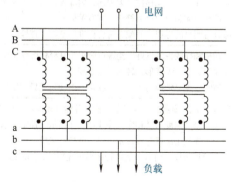

图 5-17 两台三相 Yy0 联结组变压器并联运行接线图

1. 变压器并联运行的优点

1）提高供电的可靠性。当并联运行的某台变压器发生故障或需要检修时，可以将它从电网上切除，而电网仍能用与之并联运行的变压器继续供电。

2）提高运行的经济性。当负载有较大的变化时，可以调整并联运行的变压器台数，以提高运行的效率。

3）可以减小总的备用容量，并可随着用电量的增加而分批增加新的变压器。但是单台大容量的变压器，其造价要比总容量相同的几台小变压器的低，而且占地面积小，所以并联运行的台数不宜过多。

2. 变压器并联运行的理想情况

1）空载时并联运行的各台变压器之间没有环流。

2）负载运行时，各台变压器所分担的负载电流按其容量的大小成比例分配，使各台变压器能同时达到满载状态，使并联运行的各台变压器的容量得到充分利用。

3）负载运行时，各台变压器二次电流同相位，这样当总的负载电流一定时，各台变压器所分担的电流最小；如果各台变压器的二次电流一定，则承担的负载电流最大。

3. 变压器并联运行的条件

为达到上述理想的并联运行，需要满足下列三个条件：

1）并联运行的各台变压器的额定电压应相等，即各台变压器的电压比应相等。

2）并联运行的各台变压器的联结组标号必须相同。

3）并联运行的各台变压器的短路阻抗（或阻抗电压）的相对值要相等。

≫ 任务实施

变压器运行中的检查非常重要，可以将变压器的故障隐患消除。下面以三相干式变压器为例进行检测，其检验内容和合格标准见表 5-4。

表 5-4 干式变压器现场检验内容和合格标准

序号	查验项目	检验内容和合格标准
1	基本资料	1. 变压器的铭牌参数、外形尺寸、重量和引线方向等，符合技术要求和国家有关标准 2. 产品说明书、检验合格证、出厂试验报告和装箱清单等随机文件齐全
2	外观质量	1. 所有紧固件紧固，绝缘件完好 2. 金属部件无锈蚀、无损伤，铁心无多点接地 3. 绕组完好、无变形、无移位且无损伤，内部无杂物，表面光滑无裂纹 4. 引线、连接导体和地的距离符合国家有关标准，裸导体表面无损伤，毛刺和尖角，焊接良好 5. 接地部分有明显的标识，并配有符合标准的螺帽、螺栓
3	风机装置	1. 风扇电动机和导线绝缘良好，绝缘电阻大于 0.5MΩ，过电流保护完好 2. 风机叶片无裂纹、无变形，转动无卡阻现象 3. 风机运转时，无异常振动、无异常噪声，电动机无异常发热
4	温度控制器	1. 温度巡显正常，每隔 2~3s 巡显一次，并能自动显示各项的温度值 2. 能自动显示最高温度值及相序，能快速切换显示、锁定显示以及最高温度值的记忆显示 3. 当温度大于或低于风机起停设定值时，能控制风机进行起停，并有状态指示灯显示 4. 当温度大于报警设定值时，能进行超温声光报警，同时跳闸报警灯亮，跳闸输出触点闭合，跳闸控制电路接通

项目5　变压器运行维护及应用

（续）

序号	查验项目	检验内容和合格标准
4	温度控制器	5. 当变压器的PT（电压互感器）发生相间短路或相对地短路时，故障灯亮，报警输出触点闭合，故障处理电路接通 6. 温度控制器应不受周围电磁的干扰 7. 温度控制器的安装位置合理，便于观察和维护
5	防护装置	1. 配电装置的安装应符合设计要求，柜、网门的开启互不影响 2. 导体连接紧固，相色标识清晰正确 3. 带电部分的相间和对地距离符合有关设计标准 4. 接地部分牢固可靠 5. 温度控制器的熔断器应有足够的开断容量，必要时可采用双路电源 6. 柜、网门以及遮拦等设施，应挂有设备名称和安全警告标识
6	起动验收	1. 变压器交接试验记录齐全 2. 变压器带电连续运行24h无异常 3. 变压器的分接开关符合运行要求 4. 投入全部保护装置，进行空载合闸5次，第一次不少于10min，无异常 5. 检查温度控制器，其温显与实际温度一致 6. 风扇自动起停正常，无异常噪声和异常温升

任务评价

任务评价表见表5-5。

表5-5　任务评价表

序号	评价内容	考核要求	评分标准	配分	评分
1	基本资料	收集变压器相关资料	每缺少一项资料扣2分	10	
2	外观质量	1. 检查紧固件 2. 金属部件及接地 3. 检查绕组、内部无杂物 4. 引线、连接导体和地的距离符合要求 5. 接地部分有明显的标识	外观检查每漏检一项扣2分	10	
3	风机装置	1. 正确摇测风扇电动机和导线绝缘电阻 2. 检查风机叶片无裂纹，无变形，转动无卡阻现象	不按要求检查风扇电动机和导线绝缘情况扣10分 不按要求检查风机叶片扣5分 不按要求检查风机运转情况扣10分	20	
4	温度控制器	会逐一检查温度控制器相关项目	温度控制器漏检每项扣5分	30	
5	防护装置	会逐一检查防护装置相关项目	防护装置漏检每项扣5分	20	
6	起动验收	会逐一检查起动验收相关项目	起动验收漏检每项扣2分	10	

任务3　变压器的应用

学习任务单

"变压器的应用"学习任务单见表5-6。

表 5-6 "变压器的应用"学习任务单

项目 5	变压器运行维护及应用	学时	
任务 3	变压器的应用	学时	
任务描述	熟悉以下三种变压器的应用注意事项： 1. 自耦变压器 2. 电压互感器 3. 电流互感器		
任务流程	分析原理→了解用途→明确使用注意事项→通过任务实施进一步强化→验收评价效果		

任务引入

随着工业的不断发展，除了前面介绍的普通双绕组电力变压器外，相应地出现了适用于各种用途的特殊变压器。虽然种类很多，但是其基本原理与普通双绕组变压器相同或相似，不再一一讨论。本任务简要介绍较常用的自耦变压器、仪用互感器的工作原理及特点。

知识学习

一、应用之一——自耦变压器

自耦变压器是一种特殊类型的变压器，其特点是一次、二次绕组共用一个绕组，此时一次绕组中的一部分充当二次绕组（自耦降压变压器）或二次绕组中的一部分充当一次绕组（自耦升压变压器）。因此，一次、二次绕组之间既有磁的关联，又有电的直接联系。单相自耦变压器的接线示意图如图 5-18 所示。

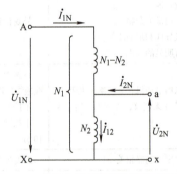

图 5-18 单相自耦变压器的接线示意图

1. 工作原理

实质上，自耦变压器就是利用一个绕组抽头的办法来实现改变电压的一种变压器。

额定容量：$S_N = U_{1N}I_{1N} = U_{2N}I_{2N}$

电压比：$k = \dfrac{N_1}{N_2} = \dfrac{E_1}{E_2} \approx \dfrac{U_{1N}}{U_{2N}}$

在不计励磁电流的条件下：

$$\dot{I}_{1N} = -\frac{\dot{I}_{2N}}{k} \qquad \dot{I}_{12} = \left(1 - \frac{1}{k}\right)\dot{I}_{2N}$$

2. 容量关系

$$U_{1N}I_{1N} = U_{2N}I_{2N} = U_{2N}(I_{12} + I_{1N}) = U_{2N}I_{12} + U_{2N}I_{1N}$$

自耦变压器的通过容量由两部分组成：一部分是通过绕组公共部分的电磁感应作用，由一次侧传递到二次侧的电磁容量 $U_{2N}I_{12}$；另一部分是通过绕组串联部分的电流直接传导到负载的传导容量 $U_{2N}I_{1N}$，这部分容量不需要通过铁心的耦合，所以当这部分容量占比越大，则自耦变压器需要的铁心就越少，整个变压器的用铁量就少，变压器就轻。

3. 自耦变压器的特点

自耦变压器具有效率高、用料省、成本低、重量轻和体积小等优点，而且自耦变压器的变比 k 越接近 1，其优越性越显著。缺点是当变比 k 较大时，经济效果不显著。内部绝缘和过电压保护需要加强。因其一、二次绕组之间有电的联系，接线不正确时安全隐患大。

自耦变压器有单相也有三相，一般三相自耦变压器采用丫联结，较大容量的三相异步电动机减压起动时可用三相自耦变压器来实现，以减小起动电流。如将自耦变压器的抽头做成滑动触头，用于平滑地调节自耦变压器二次绕组电压，这种自耦变压器称为自耦调压器，常用来调节试验电压的大小。

> **安全操作提示：**
> 1）自耦变压器不得作隔离、安全变压器使用。
> 2）自耦变压器使用前必须调零，使用后必须归零。
> 3）不得带电接线和拆线，人体不得随意接触一、二次绕组及相连电路的裸露部分。
> 4）为了防止高压侧产生单相接地时引起低压侧非接地相对地电压升高，造成对地绝缘击穿，自耦变压器的中性点、外壳和二次绕组的一端必须可靠接地。

二、应用之二——仪用互感器

1. 电压互感器

电压互感器用于测量高电压，将电压降低，使测量更加安全。电压互感器实质上就是一个降压变压器，其工作原理和结构与双绕组变压器基本相同。电压互感器的原理图如图 5-19 所示。

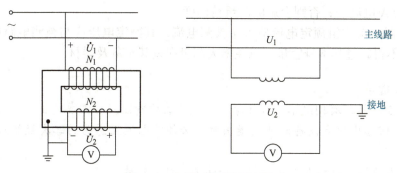

图 5-19 电压互感器的原理图

电压互感器的一次绕组匝数为 N_1，匝数很多，并联到被测高压电路；二次绕组匝数为 N_2，匝数较少，有的还有抽头，与电压表并联。

$$\frac{U_1}{U_2} = \frac{N_1}{N_2} = k \gg 1$$

通常规定电压互感器二次绕组的额定电压设计成标准值100V。电压互感器要求在设计与制作上性能优良，接近于理想变压器。二次绕组接的电压表需选用高阻抗的电压表，且使用时不宜并接过多的仪表，防止影响测量精确度。互感器的负载功率不得超出本身额定容量，否则将造成测量误差增大，危险时还可能损坏器材。

安全操作提示：
1）电压互感器二次侧不允许短路。
2）电压互感器的铁心及二次绕组的一端必须可靠接地。
3）电压互感器一、二次绕组两侧都应加接熔断器，用以保护电路和设备。

2. 电流互感器

电流互感器类似于一个升压变压器，它的一次绕组匝数很少，一般只有一匝到几匝，而二次绕组匝数很多。其原理图如图5-20所示。

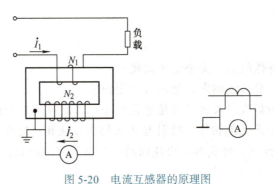

图 5-20　电流互感器的原理图

$$\frac{I_1}{I_2} = \frac{N_2}{N_1} = \frac{1}{k}, \ k \ll 1$$

电流互感器的一次绕组串联在待测电路中，二次绕组接电流表。通常电流互感器二次绕组额定电流设计成标准值5A。电流互感器的性能接近理想变压器，接电流互感器的电流表需选用小阻抗的5A电流表，否则会影响测量精确度。

电流互感器一次绕组额定电流应大于被测电流，其额定电压应与被测电路电压一致。工作中负载功率不得超过其本身容量，以免增大测量误差甚至危及器材。

安全操作提示：
1）电流互感器二次侧绝不允许开路，不允许装熔断器。当需要将正在运行中的电流互感器二次绕组回路中仪表设备断开或退出时，必须将电流互感器的二次绕组短接，保证不至开路。
2）电流互感器的铁心及二次绕组的一端必须可靠接地。

3. 钳形电流表

钳形电流表是可以不用断开被测电路测量线路中的交流电流的仪表，实际上就是利用电流互感器测量电流。其原理图如图 5-21 所示。使用时将钳口（闭合铁心）张开，被测载流导线钳入铁心窗口中，一次绕组 $N_1=1$。铁心上绕有二次绕组，与测量表头连接，可直接读出被测电流的数值。若被测电流较小，可将一次侧绕成 N 匝，钳入铁心窗口，其测量值 $I = \dfrac{I_{测量}}{N}$。

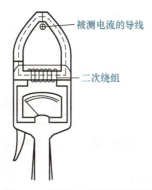

图 5-21　钳形电流表的原理图

▶▶ 任务实施

1）观察同样额定容量的自耦变压器和变压器尺寸大小有什么不同，总结至少 3 条自耦变压器的主要优点。

2）查阅相关资料，整理自耦变压器、电压互感器和电流互感器的主要应用场合。

3）观察电压互感器和电流互感器一、二次绕组匝数特点，电压互感器、电流互感器接法，叙述其工作原理及使用中的注意事项。

4）练习使用钳形电流表测量低压运行线路中的电流，并记录测量值。如果被测数值太小，表的精度值不高，如何操作能使测量值更准确？

▶▶ 任务评价

任务评价表见表 5-7。

表 5-7　任务评价表

序号	评价内容	考核要求	评分标准	配分	评分
1	观察自耦变压器	观察同样额定容量的自耦变压器和变压器尺寸大小的不同，总结至少 3 条自耦变压器的主要优点	总结至少 3 条主要优点，每缺少一条扣 3 分	10	
2	查阅资料	查阅相关资料，整理自耦变压器、电压互感器和电流互感器的主要应用场合	每个设备至少整理 2 条应用场合，每缺少一条扣 3 分	15	
3	观察特点	观察电压互感器和电流互感器一、二次绕组匝数特点，电压互感器、电流互感器接法，叙述其工作原理及使用中的注意事项	不能按要求总结出其特点扣 10 分 不能按要求叙述使用中注意事项扣 10 分	30	
4	钳形电流表使用	使用钳形电流表测量低压运行线路中的电流，并记录测量值，保证测量值更准确	不能按要求测出比较准确的数值不得分	25	
5	用电安全	任务实施过程中严格遵守用电安全规范	违反用电安全规范每次扣 10 分	20	

阅读与应用一 小型变压器的常见故障及排除

小型变压器的故障主要是铁心故障和绕组故障，此外还有由于装配和绝缘不良引起的故障。小型变压器的常见故障及排除方法见表 5-8。

表 5-8 小型变压器的常见故障及排除方法

故障现象	故障原因	排除方法
电源接通后无电压输出	1. 一次绕组断路或引出线脱焊 2. 二次绕组断路或引出线脱焊	1. 拆换修理一次绕组或焊牢引出线接头 2. 拆换修理二次绕组或焊牢引出线接头
温升过高或冒烟	1. 绕组匝间短路或一、二次绕组间短路 2. 绕组匝间或层间绝缘老化 3. 铁心硅钢片间绝缘性能降低 4. 铁心叠厚不足 5. 负载过重	1. 拆换绕组或修理短路部分 2. 重新处理绝缘或更换导线、重绕线圈 3. 拆下铁心，对硅钢片重新涂绝缘漆 4. 加厚铁心或重做骨架、重绕线圈 5. 减轻负载
空载电流偏大	1. 一、二次绕组匝数不足 2. 一、二次绕组局部匝间短路 3. 铁心叠厚不足 4. 铁心质量太差	1. 增加一、二次绕组匝数 2. 拆开绕组，修理局部短路部分 3. 加厚铁心或重做骨架、重绕线圈 4. 更换或加厚铁心
运行中噪声过大	1. 铁心硅钢片未插紧或未压紧 2. 铁心硅钢片不符合设计要求 3. 负载过重或电源电压过高 4. 绕组短路	1. 插紧铁心硅钢片或压紧铁心 2. 更换质量较高的同规格硅钢片 3. 减轻负载或降低电源电压 4. 查找短路部位并进行修复
二次电压下降	1. 电源电压过低或负载过重 2. 二次绕组匝间短路或对地短路 3. 绕组对地绝缘性能降低 4. 绕组受潮	1. 增加电源电压，使其达到额定值或降低负载 2. 查找短路部位并进行修复 3. 重新处理绝缘或更换绕组 4. 对绕组进行干燥处理
铁心或底板带电	1. 一、二次绕组对地短路或一、二次绕组匝间短路 2. 绕组对地绝缘性能降低 3. 引出线头碰触铁心或底板 4. 绕组受潮或底板感应带电	1. 加强对地绝缘或拆换修理绕组 2. 重新处理绝缘或更换绕组 3. 排除引出线头与铁心或底板的短路点 4. 对绕组进行干燥处理或将变压器置于环境干燥的场合使用

阅读与应用二 三相变压器的常见故障及排除

三相变压器的常见故障及排除见表 5-9。

项目 5　变压器运行维护及应用

表 5-9　三相变压器的常见故障及排除

常见故障	故障原因	排除方法
声音异常	如果声响较大且嘈杂时，可能是夹件或压紧铁心的螺钉松动（这种情况仪表的指示一般正常，绝缘油的颜色、温度与油位也没有大的变化）	应停止变压器的运行，进行检查
	如果声响中夹有水的沸腾声，有"咕噜咕噜"的气泡逸出声，可能是绕组有较严重的故障，使其附近的零件严重发热致使油气化	应立即停止变压器运行，检查绕组是否有匝间短路、分接开关是否接触不良等
	若音响中夹有爆炸声且既大又不均匀时，可能是变压器的器身绝缘有击穿现象	应将变压器停止运行，进行检修
	若引出端子套管处发出"滋滋"响声，并且套管表面有闪络现象（注：闪络是指固体绝缘子周围的气体或液体电介质被击穿时，沿固体绝缘子表面放电的现象），是套管太脏或有裂纹引起的	停电后清洁或更换套管
	若声响比较沉重，一般是变压器过载	减少负载
	若声响比较尖锐，可能是电源电压过高	按操作规程降低电压
	变压器上部有"吱吱"的放电声，电流表随响声发生摆动，瓦斯保护可能发出信号，则可能是分接开关出现了故障，具体有以下几种可能：分接开关触头弹簧压力不足，触头滚轮压力不匀，使有效接触面积减小，以及因镀银层的机械强度不够而严重磨损等引起分接开关烧毁；因分接开关触头位置切换错误，引起开关烧坏；相间距离不够，或绝缘材料性能降低，在过电压作用下短路	当鉴定为开关故障时，应立即将分接开关切换到完好的档位运行
油温过高	变压器过载	减少负载
	三相负载不平衡	调整三相负载的分配
	变压器散热不良	改善散热条件
油面高度不正常	油温过高导致油面上升	采用与油温过高同样的处理方法
	漏油、渗油导致油面下降（注意：天气变冷时油面有所下降属正常现象）	停电，检修
变压油变黑	绕组的绝缘层被击穿	停电，修理绕组，换油
低压熔丝熔断	变压器过载	减小负载、更换熔丝
	低压线路短路	排除短路、更换熔丝
	用电负载绝缘损坏造成短路	检修用电设备，更换熔丝
	熔丝的容量选择不当，或安装不当	更换熔丝
高压熔丝熔断	变压器绝缘击穿	停电、检修，更换熔丝
	低压端设备短路，但低压熔丝未熔断	
	雷击	更换熔丝
	熔丝容量选择不当或安装不当	
防爆管薄膜破裂	变压器内部发生短路（如相间短路等），产生大量的气体，气压增加，使防爆管薄膜破裂	停电、检修绕组，更换防爆管薄膜
	外力导致	更换防爆管薄膜
气体继电器动作	绕组发生匝间短路、相间短路、对地绝缘击穿等	停电、检修绕组
	分接开关触头放电或者各分接头放电	检修分接开关

阅读与应用三　特高压

中国特高压输电技术将"煤从'空中走'、电送全中国"变为现实，使"以电代煤、以电代油、电从远方来、来的是清洁电"成为中国能源和电力发展的新常态，为构建"能源互联网"、落实国家"一带一路"发展倡议提供了强大基础支撑。

1891年，世界上第一条高压输电线路诞生，它的电压只有13.8kV；1935年，美国将220kV电压提高到275kV，人类社会第一次出现了超高压线路；1959年，苏联建成世界上第一条500kV输电线路，这是人类利用电能水平的一次大跨越；20世纪70年代起，美国、苏联和日本等国家开始研究特高压输电技术，苏联还建成了一段1150kV的特高压试验线路；2009年，世界上第一条1000kV晋东南—南阳—荆门特高压交流试验示范工程投入商业化运行。这次领先世界的是中国！

截至2022年，我国已累计建成近30项特高压工程，单回输电能力最高达1000万kW，不断刷新世界电网技术纪录。

要使用特高压直流输电技术，离不开一些关键的设备，具体包括换流阀、换流变压器、平波电抗器、直流滤波器和避雷器。在换流阀和换流变压器上，中国的制造技术国际领先。

换流变压器如图5-22所示，是整个直流输电系统的心脏。换流变压器的作用是将送端交流系统的电功率送到整流器，或从逆变器接受电功率送到受端交流系统。它利用两侧绕组的磁耦合传送电功率，同时实现了交流系统和直流部分的电绝缘和隔离，从而避免了交流电力网的中性点接地和直流部分的接地所造成的某些元件的短路。

图5-22　换流变压器

目前，中国已经能够自主研发±800kV特高压直流换流变压器，创造了单体容量（493.1MV·A）最大、技术难度最高和产出时间最短的世界纪录，突破了变压器的绝缘、散热和噪声等技术难题。

项目 6

典型机床的电气控制

▶ 项目概述

机床可分为普通机床和数控机床。普通机床以手工操作为主,数控机床主要是通过计算机编程,对机床进行控制,其自动化程度、加工精度都远高于普通机床。与普通机床相似,数控机床控制电动机正反转、工作台的上下左右移动,也是通过继电器-接触器控制系统来完成的。本书以普通机床为例,学习典型机床控制电路。

本项目以3个任务为载体,分析CA6140型车床、X62W型铣床和Z3040型钻床的主要结构和运行形式,熟悉其基本操作过程,掌握其电气控制线路工作原理与电气故障的分析方法,学会常用机床电气控制线路的安装接线与故障排除等。

▶ 学习目标

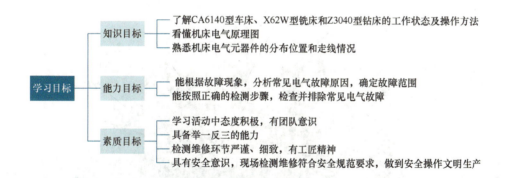

任务 1　CA6140 型车床的电气控制

▶▶ 学习任务单

"CA6140型车床的电气控制"学习任务单见表6-1。

表6-1　"CA6140型车床的电气控制"学习任务单

项目6	典型机床的电气控制	学时	
任务1	CA6140型车床的电气控制	学时	
任务描述	通过本任务学习CA6140型车床的基本结构;熟悉其电气控制原理;练习CA6140型车床电气控制线路的安装和CA6140型车床电气控制线路的常见故障与检修		
任务流程	CA6140型车床的基本结构→电气控制原理→电气控制线路的安装→电气控制线路的常见故障与检修→验收评价		

任务引入

在金属切削机床中，车床所占的比例最大，而且应用最广泛。CA6140 型车床是一种应用极为广泛的金属切削通用机床，能够车削外圆、内圆、端面和螺纹等，可用钻头、铰刀等刀具对工件进行加工。

知识学习

一、CA6140 型车床的结构

1. 型号

CA6140 型车床型号的含义如下：

2. 主要结构

CA6140 型车床的主要结构如图 6-1 所示，其主要组成部分及功能如下。

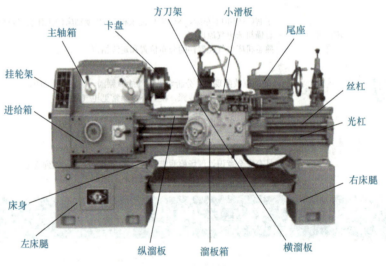

图 6-1　CA6140 型车床的主要结构

（1）主轴箱　主轴箱中的主轴，可以利用夹盘等夹具装夹工件，主要的功能是支撑并传动，使主轴带动工件按照设定的转速旋转。

（2）床身　位于左床腿和右床腿上，主要功能是作为支撑件，以保持各部件准确位置。

（3）刀架　刀架位于床鞍上，其主要功能是装夹车刀，并使车刀做纵向、横向或斜向运动。

（4）尾座　位于床身的尾座轨道上（可沿导轨调整位置），其主要的功能是用于后顶尖支撑工件，也可在尾座上安装钻头等加工刀具用于孔加工。

（5）进给箱　位于床身的左前侧，即主轴箱的底部，其主要功能是改变被加工螺纹的螺距或机动进给的进给量。

（6）溜板箱　位于刀架的底部，主要功能是可带动刀架运动，其上装有操作手柄及按钮。

3. 运动形式

车床的运动形式有主运动、进给运动和辅助运动。主运动是主轴带动工件旋转的运动，进给运动是刀架带动刀具的直线运动，辅助运动有尾座的纵向移动、工件的夹紧与放松等。CA6140型车床的主轴正反转及转速调节由主轴变速箱来完成，正转速度为10～1400r/min，之间共有24档，反转速度为14～1580r/min，之间共有12档。刀架的纵、横向运动由溜板箱上的手柄控制。其控制有如下特点：

1）主轴电动机一般选用三相交流笼型异步电动机，不进行电气调速，采用齿轮箱进行机械有级调速。

2）车床在车削螺纹时，主轴通过机械方法实现正反转。

3）主轴电动机的起动、停止采用按钮操作。

4）刀架移动和主轴转动有固定的比例关系，以满足对螺纹加工的需要。

5）车削加工时，由于刀具及工件温度过高，有时需要冷却，故配有冷却泵电动机。在主轴起动后，根据需要决定冷却泵电动机是否工作。

6）必须有过载、短路、欠电压和失电压保护。

7）具有安全的局部照明装置和信号电路。

二、CA6140型卧式车床电气原理图分析

CA6140型卧式车床的电气原理图如图6-2所示。在电气原理图上除了按功能从左到右标出功能区域外，还在每个元件文字符号的下方，标出与该元件相关的区域数字，这样检修和查找起来非常方便。如FR2常闭触头下的3表示热元件在3号区域，常开触头KM下的7表示KM线圈在7号区域。

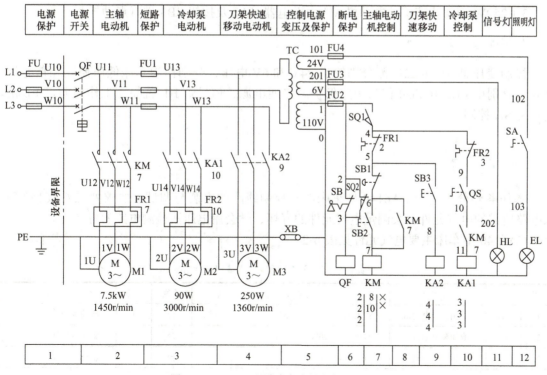

图6-2　CA6140型卧式车床的电气原理图

1. 电源说明

1）总电源由低压断路器 QF 控制。由 FU 熔断器进行电源短路保护。

2）控制电路由变压器 TC 分别提供 110V 的工作电压、24V 的照明电路电压及 6V 的信号灯电压。

3）位置开关 SQ1 在电路工作时闭合。检修时，打开传送带罩后，SQ1 自动分断，使电路不能起动工作。位置开关 SQ2 在电路工作时分断，检修时打开配电屏门时 SQ2 闭合，QF 线圈得电，使 QF 开关不能闭合，确保车床电路断电。

4）接通电源。将钥匙开关 SB 右旋至打开，上推总电源开关 QF 控制柄至闭合的位置。

2. 主电路分析

主电路共有三台电动机，M1 为主轴电动机，带动主轴旋转和刀架做进给运动；M2 为冷却泵电动机，用以输送切削液；M3 为刀架快速移动电动机。主轴电动机 M1 由交流接触器 KM 控制，冷却泵电动机 M2 由中间继电器 KA1 控制，刀架快速移动电动机 M3 由 KA2 控制，在机械手柄的控制下带动刀架快速做横向或纵向进给运动。主轴的旋转方向、主轴的变速和刀架的移动方向均由机械控制实现。

主轴电动机 M1 和冷却泵电动机 M2 设有过载保护，刀架快速移动电动机 M3 由于是点动控制，故未设过载保护。FU1 作为冷却泵电动机 M2、刀架快速移动电动机 M3 和控制变压器 TC 一次绕组的短路保护。

3. 控制电路分析

控制电路的电源由控制变压器 TC 二次侧输出 110V 电压提供。

1）7.5kW 主轴电动机 M1 由接触器 KM 等低压电器组成的自锁、过载保护电路进行控制。

2）90W 冷却泵电动机 M2 只有在主轴电动机起动后才能起动，该顺序控制电路由继电器 KA1、转换开关 QS 等组成。

3）250W 刀架快速移动电动机 M3 由继电器 KA2 及按钮 SB3 进行点动控制。

4. 照明信号电路分析

控制变压器 TC 的二次侧分别输出 24V 和 6V 电压，分别作为车床低压照明和信号灯的电源，分别由 FU3 和 FU4 作为短路保护。接通电源，信号灯 HL 就亮，工作照明灯 EL 由转换开关 SA 控制。

>> 任务实施

本任务要分组进行 CA6140 型车床电气控制线路的安装与调试，要求熟悉 CA6140 型车床电路所需的电气元件，会测量电气元件的好坏，学会用电压法检测电路的好坏。

CA6140 型车床主要电气元件见表 6-2。

表 6-2　CA6140 型车床主要电气元件

序号	符号	名称	型号与规格	单位	数量	备注
1	M1	三相异步电动机	Y132M-4-B3，7.5kW	台	1	拖动主轴
2	M2	冷却泵电动机	AOB-25，90W	台	1	驱动冷却泵
3	M3	三相异步电动机	AOS5634，250W	台	1	驱动刀架快移

（续）

序号	符号	名称	型号与规格	单位	数量	备注
4	FR1	热继电器	JR16-20/3D，15.1A	只	1	M1 的过载保护
5	FR2	热继电器	JR16-20/3D，0.32A	只	1	M2 的过载保护
6	KM	交流接触器	CJ0-20B，线圈 110V	只	1	控制 M1
7	KA1	中间继电器	JZ7-44，线圈 110V	只	1	控制 M2
8	KA2	中间继电器	JZ7-44，线圈 110V	只	1	控制 M3
9	FU	螺旋式熔断器	RL1-60，熔芯 35A	个	3	M1、M2、M3 短路保护
10	FU1	螺旋式熔断器	RL1-15，熔芯 6A	个	3	M2、M3 短路保护
11	FU2	螺旋式熔断器	RL1-15，熔芯 2A	个	1	控制电路短路保护
12	FU3	螺旋式熔断器	RL1-15，熔芯 2A	个	1	指示灯短路保护
13	FU4	螺旋式熔断器	RL1-15，熔芯 4A	个	1	照明灯短路保护
14	SB1	按钮	LA19-11，红色	个	1	停止 M1
15	SB2	按钮	LA19-11，绿色	个	1	起动 M1
16	SB3	按钮	LA9	个	1	起动 M3
17	SB	钥匙开关	LAY3-01Y/2	个	1	电源开关锁
18	SQ1，SQ2	行程开关	JWM6-11	个	2	断电安全保护
19	HL	信号灯	ZSD-0，6V	个	1	电源指示灯
20	EL	车床照明灯	JC11，40W，24V	个	1	工作照明
21	QF	断路器	DZ47-60 3p D20A	个	1	机床电源引入开关
22	QS	组合开关	HZ2-10/1，10A	个	1	控制 M2
23	SA	钮子开关		个	1	照明灯开关
24	TC	控制变压器	BK-150，380/110V、24V、6.3V	只	1	控制、照明、指示
25		单相交流电源	～110V 和 24V、5A	处	1	
26		接线端子排	JX2-1015，500V、10A、15 节或自定	条	1	
27		三相四线电源	～3×380/220V、20A	处	1	
28		万用表	自定	块	1	
29		绝缘电阻表	型号自定，或 500V、0～200MΩ	台	1	
30		钳形电流表	0～50A	块	1	
31		电工通用工具	验电笔、钢丝钳、螺钉旋具（一字形和十字形）、电工刀、尖嘴钳、活扳手和剥线钳等	套		

CA6140 型车床电气安装接线图如图 6-3 所示。

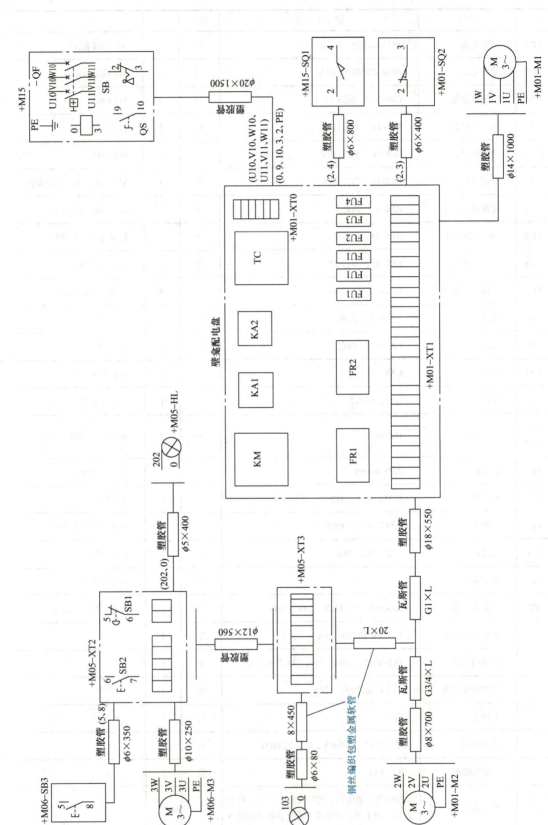

图 6-3 CA6140 型车床电气安装接线图

CA6140型车床控制电路的安装、运行调试如下。
1）检测电气元件是否符合质量要求。
2）根据安装图布置固定电气元件或熟悉电气元件的位置。
3）用单股导线连接配电箱内的电气元件。要求横平竖直，套回路标号。
4）用多股导线连接（穿管、套回路标号，穿一两根备用线）电动机与主令电气元件。
5）电路连接好后，用绝缘电阻表检测电动机绕组及变压器主绕组的绝缘电阻。
6）用万用表测量电气元件的金属外壳对地电阻是否为0Ω。
7）用万用表的交流电压档检测电路是否正确。
①用万用表检测电源线电压是否为380V。
②用万用表检测变压器输出电压110V、24V、6V是否正确。
③用万用表检测电动机电压是否正确。
a. 电动机M1任意两相之间电压为380V，相电压为220V。
b. 回路标号1-7之间电压应为0V，若为110V，说明该支路有断路故障。回路标号7-0之间应为110V，否则线圈可能出现了断路。
c. 重复用以上方法分别测量电动机M2、M3以及9、10两区的电路。
用电压表测量（电压法）电路，只能检测断路及局部短路故障。出现短路故障时，只能用测电阻的方法进行检测。
④当SQ1、SQ2闭合，SB分断时，按下SB2（此前应检查整个电路正确无误）起动电路。
调试过程中常见故障分析见表6-3。

表6-3 CA6140型车床常见故障分析

故障现象	原因	可能的故障点	检查方法
按下SB2后，不起动	停电或断路故障	电源是否有电 FU1、FU2、FU SQ1、FR1、SB1、SB2、KM	电压表检测电源是否断路 用验电笔或万用表检测断路点
按下SB2后，QF跳闸	短路故障	M1绕组击穿或部分击穿 KM线圈击穿或部分击穿 TC绕组击穿或部分击穿	万用表查三相绕组 万用表查KM线圈，查看是否烧焦
HL或EL不亮	断路或灯泡损坏	SA不能闭合 HL或EL，或FU3、FU4熔断	电笔或万用表测量灯座接触是否良好，是否有漏电处，熔丝是否熔断
合上QS后，M2不起动	断路故障	FR2、QS、KM常开，KA1线圈	用验电笔或万用表检测断路点
合上QF就跳闸	短路	TC、KM、KA2、KA1、M1、M2、M3、QF绕组	FU熔断，检查M1 FU1熔断，查看M2、M3、TC有关线圈，绕组有无烧焦痕迹，检查M1、M2、M3、TC的绝缘电阻

安全操作提示：
1）软管敷设路径合理，防止挤压、磨损。
2）带电检测电路一定要在教师的指导下进行。
3）所有的接地线一定要接，而且要接牢。
4）安装完毕后，一定要测量绝缘电阻、金属外壳的对地电阻。

任务评价

任务评价表见表6-4。

表 6-4 任务评价表

序号	评价内容	考核要求	配分	评分标准	评价
1	检测电气元件	正确使用万用表检测元器件好坏	10	每处错误扣 0.5 分	
2	固定电气元件	布局合理方便操作	10	每处错误扣 0.5 分	
3	配线安装	正确选择电线种类、颜色和线径；正确制作线号；套线号方向一致；冷压头压接牢固且根部不露铜线；接线牢固且不露金属也不压绝缘皮；垂直走线，上进下出，进线槽	20	每处错误扣 0.5 分	
4	运行前检查	用绝缘电阻表检测电动机绕组及变压器主绕组的绝缘电阻；用万用表测量电气元件的金属外壳对地电阻是否为 0Ω；用万用表测量主电路、控制电路	20	绝缘电阻表操作不规范，一次操作错误扣 2 分 万用表量程选择错误或操作不规范，一次操作错误扣 2 分 带电操作错误损坏仪器仪表，此项成绩计为 0 分	
5	故障排查及上电运行	检测到故障，在电气控制原理图上分析故障可能的原因，划定最小故障范围；正确使用工具和仪表，选择正确的故障检修方法排除故障，上电运行	30	不能标出最小故障范围每次扣 5 分 遗漏重要检修步骤或检修步骤顺序颠倒，致使故障查找错误，每次扣 5 分 未正确选择使用仪表每次扣 5 分 损坏仪器仪表或工作过程中造成线路短路，此项成绩均计为 0 分	
6	"6S" 规范	整理、整顿、清扫、安全、清洁、素养	10	未关闭电源开关，用手触摸电器线路，或带电进行线路连接或改接；损坏现场设施或设备；工作中乱摆放工具、乱丢杂物；完成任务后不清理工位。出现上述问题此项成绩计为 0 分	

阅读与应用一　CA6140 型车床电气常见故障与检修

1. CA6140 型卧式车床主轴电动机不能起动可能有哪些原因？如何排除？

根据原理图检查电路的接线是否正确；各接点是否牢固可靠；热继电器整定值是否符合要求；熔断器中熔体的规格是否符合要求。

合上电源开关 QF，按下起动按钮 SB2，电动机 M1 不能起动。这种电气故障可按下列步骤检修。

（1）检查接触器 KM 是否吸合　若接触器 KM 吸合，则故障必然发生在主电路，根据图 6-2 进行综合分析，可确定故障范围。接下来可按下列步骤予以检修：

1）检查电动机 M1 是否机械卡阻。分断 QF，转动电动机的传动带，若传动带转不动，可设法使其脱离，待传动带脱离后，再转动电动机的转轴，若仍不能转动，说明电动机内轴承发生损坏，应拆下检修或换新；若电动机转轴转动灵活，可合上 QF，按下起动按钮 SB2，电动机起动运行，则说明故障是机械原因使电动机卡住不能起动；若传动带转动灵活可进行下一步检修。

2）检查接触器 KM 电源侧电压是否正常。合上 QF，用万用表交流 500V 档测 KM1 电源侧 U11-V11、V11-W11、U11-W11 的电压（如图 6-2 所示），若电压有不为 380V 时，说明对应熔断器的熔体熔断或连接导线松动、脱落等，进一步查找短路点，排除后更换熔体或紧固压线螺钉即可；若电压均为 380V，说明 KM 电源侧电路正常。

3）检查接触器 KM 负载侧电压是否正常。可按下列步骤检修，用万用表交流 500V 档检测 U12-V12、V12-W12、W12-U12 的电压（如图 6-2 所示），若电压有不为 380V 时，则说明对应接触器 KM 主触头接触不良，更换接触器或修复接触器触头。若电压均为 380V，说明电路正常。最后检测 U13-V13、V13-W13、W13-U13 的电压，若电压有不为 380V 时，则说明对应的热继电器的热元件损坏或连接导线松动、脱落等，更换热继电器或修复松动、脱落导线。若电压均为 380V，说明电路正常，初步断定为电动机故障。

4）检查电动机 M1。可用万用表欧姆档，检查定子绕组是否断线或线头松脱；用电桥检查定子绕组的直流电阻是否平衡；用绝缘电阻测量仪检查电动机定子绕组的绝缘情况。查出故障后，若不能修理，要更换新电动机。

（2）若 KM 不吸合可按下列两种方法检修

方法一：首先检查 KA2 是否吸合，若吸合说明 KM 和 KA2 的共用控制电路部分（0-2-3-4）正常，如图 6-2 所示，故障范围在 KM 的线圈部分电路（4-5-6-0）；若 KA2 也不吸合就要检查照明灯和指示灯是否正常。若照明灯和指示灯正常（灯 IIL 或 EL 亮），故障范围在整个控制电路；若灯 HL 和 EL 都不亮，说明电源部分有故障（注意：此时也不能说明控制电路就没有故障），检查方法同前。

方法二：首先检查灯 HL、EL，若灯 HL、EL 都不亮，说明电源部分有故障，检查方法同前，直到使灯 HL、EL 亮为止；若灯 HL 或 EL 亮，说明故障范围在控制电路。下面以方法二为例，用电压测量的方法说明控制电路的一般检修方法。故障范围如图 6-2 所示。

检查照明灯 EL 和指示灯 HL 是否亮，合上 QF，若 EL 和 HL 中只要有一只灯亮，则说明故障在控制电路。

1）检查 KM 自锁触头（6-7）两端的电压，如图 6-2 所示，若正常（110V），故障为 SB2 接触不良、KM 主触头机械卡阻、SB2 至 KM（经 XT 接线端子）的导线（6）断线或线头松动。判别方法是打开按钮盒，测量 SB2 动合触头（6-7）两端电压，若无电压（0V），说明 SB2 至 KM（经 XT）的导线（7）断线或线头松脱；若电压正常（110V）可按下 SB2，测量 KM 线圈（0-7）两端电压，电压指示为零，说明 SB2 接触不良；电压指示正常（110V），说明 KM 机械卡阻。必须注意的是，从原理图上分析，直接测量 SB2（6-7）也可以，但在实际工作中，测量 KM（6-7）更方便，不用打开按钮盒。从初学检查电气故障开始，就要养成一个良好的习惯，即不应该拆的部分坚决不拆，这样有利于检查电气故障速度的提高。

2）若 KM 自锁触头（6-7）两端无电压指示，如图 6-2 所示，可按下列步骤进行，将万用表置交流电压 250V 档，把黑表笔作固定笔固定在相线 6 端，以醒目的红表笔作移动笔，并触及控制电路中间位置任一触头的任意一端（4、3、2 各点）。在图 6-2 所示的电路中，按下起动按钮 SB2，每次测得电压均为 110V 说明电路正常，若测得电压不为 110V 说明红表笔所在下方电路有断开点。如测得 4 点电压为 110V，则测量 3 点电压也为 110V，继续测量 2 点电压，若测得电压不为 110V 说明红表笔所在下方电路（2-3）之间有断开点。重点检查停止按钮 SB1 接触是否良好，热继电器 FR1、FR2 的动断触头是否闭和，熔断器 FU2 的熔体是否良好，连接导线有无松动、脱落等，直到找到故障原因并排除。

若 EL 和 HL 全都不亮，说明故障在控制变压器 TC 的一次侧及电源部分。

3）检查电源部分，故障范围可能在 FU、QS、FU1、TC 的一次侧及有关连接导线，检修方法同前，这里就不一一叙述了。

2. CA6140 型卧式车床主轴电动机 M1 起动后不能自锁可能有哪些原因？如何排除？

主轴电动机 M1 起动后不能自锁，当按下 SB2 时，主轴电动机能起动运转，但松开 SB2 后，主轴电动机也随之停止而不能继续运转。造成这种故障的原因是 KM 的动合触头（自锁触头）接触不良或连接导线断线、线头松脱。判别方法是合上 QF，测量 KM 的自锁触头（6-7）两端的电压。如图 6-2 所示，若电压正常（110V），故障是 KM 的自锁触头接触不良；若无电压指示，故障是连接导线（5、6）断线或线头松脱。

3. CA6140 型卧式车床主轴电动机 M1 不能停止可能有哪些原因？如何排除？

主轴电动机 M1 不能停止　造成这种故障的原因主要有三个：其一是因 KM 的主触头发生熔焊；其二是停止按钮 SB1 击穿短路，或导线（4）与导线（5）短路；其三是 KM 线圈的铁心表面被油垢粘牢而不能脱开。判别方法是分断 QF，观察 KM，若 QF 分断后 KM 立即释放，故障为第二种；若 QF 分断后延时一段时间 KM 才释放，故障为第三种，否则故障为第一种。观察 KM 主触头，看其是否熔焊在一起。

4. CA6140 型卧式车床主轴电动机 M1 在运行中突然停车，按下 SB2，M1 也不能起动，可能有哪些原因？如何排除？

主轴电动机 M1 在运行中突然停车，按下 SB2，M1 也不能起动，这种故障的主要原因是由于热继电器 FR1 动作，一定要找出引起热继电器 FR1 动作的原因，才能使其复位。引起热继电器 FR1 动作的原因有整定值不符合电动机 M1 额定电流的需要，车床进给量过大造成 M1 过载以及 M1 的主电路连接导线线头或 KM 的主触头接触不良，使电动机 M1 的电压降低，电流过大。

5. CA6140 型卧式车床刀架快速移动电动机 M3 不能起动可能有哪些原因？如何排除？

首先检查熔断器 FU1 的熔体是否熔断，然后检查接触器 KA2 主动合触头的接触是否良好；若无异常或按下点动按钮 SB3 时，接触器 KA2 不吸合，则故障必定在控制电路中。这时应依次检查热继电器 FR1 和 FR2 的动断触头，点动按钮 SB3 及接触器 KA2 的线圈有无断路现象以及连接导线有无松动、脱落等。最后检查刀架快速移动电动机 M3 是否有故障。

6. CA6140 型卧式车床冷却泵电动机 M2 不能起动可能有哪些原因？如何排除？

首先检查熔断器 FU1 的熔体是否熔断，然后检查接触器 KA1 主动合触头的接触是否良好；若无异常或闭合转换开关 QS 时，接触器 KA1 不吸合，则故障必定在控制电路中。这时应依次检查确认热继电器 FR1 和 FR2 的动断触头是否闭合良好，接触器 KM 的动合触头（如图 6-2 所示 10 区的接触器 KM 的动合触头）应闭合良好，转换开关 QS 及接触器 KA1 的线圈有无断路现象以及连接导线有无松动、脱落等。最后检查冷却泵电动机 M2 是否有故障。

7. CA6140 型卧式车床冷却泵电动机起动，但无切削液可能有哪些原因？如何排除？

切削液太少，增加切削液。切削液较脏或有棉丝等异物堵住泵口致使切削液无法进入泵体。冷却泵为离心泵，电动机反转致使切削液无法进入泵体，改变电动机转向。

8. CA6140 型卧式车床照明灯 EL 不亮可能有哪些原因？如何排除？

照明灯 EL 不亮，这种故障的原因一般是灯泡损坏，熔断器 FU4 熔体熔断，SA 接触不良；TC 的二次绕组断线或接头松脱，导线断线或线头松脱，灯泡和灯座（灯头）接触不良等引起。可依次检查出故障，予以修复，方法同前。

任务 2　X62W 型卧式万能铣床的电气控制

▶ 学习任务单

"X62W 型卧式万能铣床的电气控制"学习任务单见表 6-5。

项目6 典型机床的电气控制

表6-5 "X62W型卧式万能铣床的电气控制"学习任务单

项目6	典型机床的电气控制	学时	
任务2	X62W型卧式万能铣床的电气控制	学时	
任务描述	通过本任务学习了解X62W型卧式万能铣床的基本结构及运行特性；熟悉X62W型卧式万能铣床电气控制原理及常见电气故障分析方法		
任务流程	X62W型卧式万能铣床的基本结构→电气控制原理→X62W型卧式万能铣床常见电气故障分析→验收评价		

▶▶ 任务引入

在金属切削机床中，铣床在数量上占第二位，仅次于车床。铣床可以用来加工平面、斜面和沟槽等。装上分度头，可以铣切直齿轮和螺旋面。若装上圆工作台，还可以铣切凸轮和弧形槽。

▶▶ 知识学习

一、X62W型卧式万能铣床的结构

1. 型号

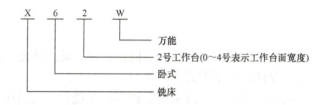

2. 铣床的结构认识

X62W型卧式万能铣床主要构造由床身、悬梁及刀杆支架、工作台、溜板和升降台等几部分组成，其外形结构示意图如图6-4所示。箱形的床身固定在底座上，在床身内装有主轴传动机构及主轴变速操纵机构。在床身的顶部有水平导轨，其上装有带着一个或两个刀杆支架的悬梁。刀杆支架用来支承安装铣刀心轴的一端，而心轴的另一端则固定在主轴上。在床身的前方有垂直导轨，一端悬持的升降台可沿着它做上下移动。在升降台上面的水平导轨上，装有可平行于主轴轴线方向移动（横向移动）的溜板。工作台可沿溜板上部转动部分的导轨在垂直与主轴轴线的方向移动（纵向移动）。这样，安装在工作台上的工件可以在三个方向调整位置或完成进给运动。此外，由于转动部分对溜板可绕垂直轴线转动一个角度（通常为±45°），这样，工作台于水平面上除能平行或垂直于主轴轴线方向进给外，还能在倾斜方向进给，从而完成铣螺旋槽的加工。

3. X62W型卧式万能铣床的运动形式

（1）主运动　铣刀的旋转运动。

（2）进给运动　工件相对于铣刀的移动。工作台用来安装夹具和工件。在横向溜板上的水平导轨上，工作台沿导轨做左右移动；在升降台的水平导轨上，工作台沿导轨前后移动；升降台依靠下面的丝杠，沿床身前面的导轨同工作台一起上下移动。

（3）变速冲动　为了使主轴变速、进给变速时变换后的齿轮能顺利地啮合，主轴变速时主轴电动机应能转动一下，进给变速时进给电动机也应能转动一下。这种变速时电动机稍微转动一下，称为变速冲动。

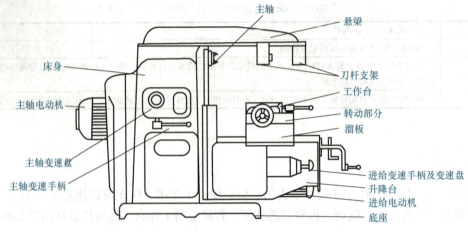

图6-4 铣床外形结构示意图

（4）其他运动　进给几个方向的快移运动；工作台上下、前后和左右的手摇移动；回转盘使工作台向左、右转动 ±45°；悬梁及刀杆支架的水平移动。除进给几个方向的快移运动由电动机拖动外，其余均为手动。进给速度与快移速度的区别是进给速度低，快移速度高，在机械方面由改变传动链来实现。

4. X62W型卧式万能铣床电气控制要求

（1）主运动

机械调速：铣刀直径、工件材料和加工精度不同，要求主轴的转速也不同。

正反转控制：顺铣和逆铣两种铣削方式的需要。

制动：为了缩短停车时间，主轴停车时采用电磁离合器进行机械制动。

变速冲动：为使主轴变速时变速器内齿轮易于啮合，减小齿轮端面的冲击，要求主轴电动机在变速时具有变速冲动。

（2）进给运动

运动方向：纵向、横向和垂直六个方向。

实现方法：通过操作选择运动方向的手柄与开关，配合进给电动机的正反转来实现。

（3）主轴电动机和进给电动机的联锁　在铣削加工中，为了不使工件和铣刀碰撞发生事故，要求进给拖动一定要在铣刀旋转时才能进行，因此要求主轴电动机和进给电动机之间要有可靠的联锁。

（4）纵向、横向、垂直方向与圆工作台的联锁　为了保证机床、刀具的安全，在铣削加工时，只允许工作台做一个方向的进给运动。在使用圆工作台加工时，不允许工件做纵向、横向和垂直方向的进给运动。为此，各方向进给运动之间应具有联锁环节。

（5）两地控制　分别在纵向工作台下和机床床身两个部位控制，便于操作。

（6）冷却润滑要求　铣削加工中，根据不同的工件材料，也为了延长刀具的寿命和提高加工质量，需要用切削液对工件和刀具进行冷却润滑，采用转换开关控制冷却泵电动机，采用单方向旋转方式。

（7）照明要求　应配有安全照明电路。

二、X62W型卧式万能铣床的电气控制原理分析

X62W型卧式万能铣床的电气控制原理图如图6-5所示，分为主电路、控制电路和信号照明电路3部分。

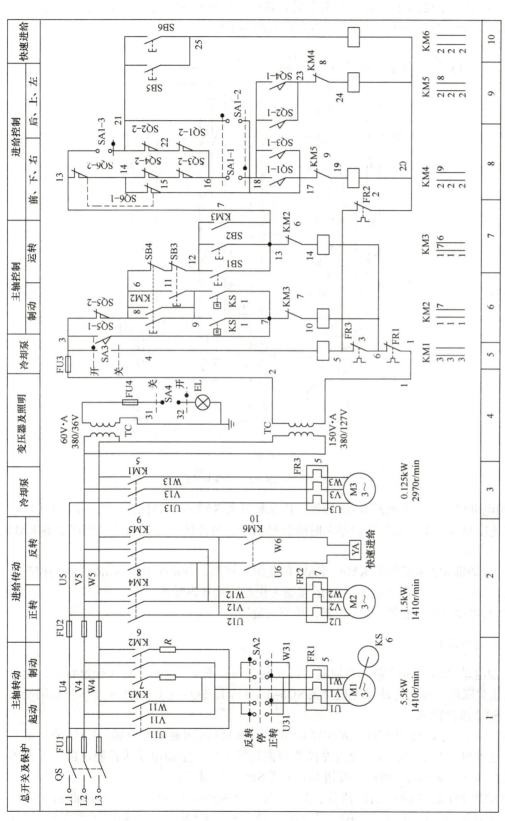

图 6-5 X62W 型卧式万能铣床的电气控制原理图

1. 主电路

由图 6-6 可知,主电路中共有三台电动机,其中 M1 为主轴电动机,M2 为进给电动机,M3 为冷却泵电动机。QS 为电源总开关,各电动机的控制如下。

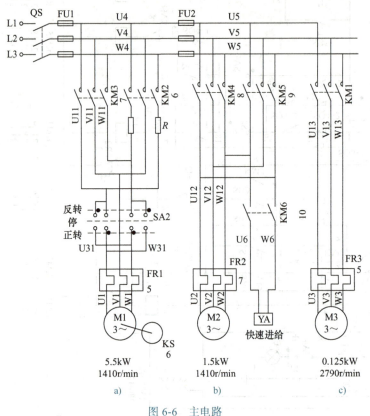

图 6-6 主电路

a) 主轴电动机 b) 进给电动机 c) 冷却泵电动机

1) 主轴电动机 M1 由接触器 KM3 控制,由选择开关 SA2 控制转向。KM2 的主触头串联两相电阻与速度继电器 KS 配合实现停车时的反接制动,另外还通过机械结构和接触器 KM2 进行变速冲动控制。

2) 进给电动机 M2 由接触器 KM4、KM5 的主触头控制,并由接触器 KM6 主触头控制快速电磁铁 YA,决定工作台移动速度,KM6 接通为快速,断开为慢速。

3) 冷却泵电动机由接触器 KM1 控制,单方向旋转。

2. 主轴电动机控制电路

(1) 主轴电动机的起动控制　主轴电动机控制电路如图 6-7 所示。在非变速状态,同主轴变速手柄相关联的主轴变速冲动行程开关 SQ5-1(3-7)、SQ5-2(3-8)不受压。根据所用的铣刀,由 SA2 选择转向。

合上 QS,按下起动按钮 SB1(或 SB2),接触器 KM3 线圈通电并自锁,KM3 的主触头闭合,主轴电动机 M1 起动运行。为方便操作和提高安全性,主轴电动机控制电路可在两地起停,分别由 SB1(或 SB2)和停止按钮 SB3(或 SB4)控制。

主轴电动机 M1 起动的控制回路为:3(线号)→ SQ5-2(3-8)→ SB4 动断触头(8-11)→ SB3 动断触头(11-12)→ SB1(或 SB2)动合触头(12-13)→ KM2 动断触头(13-14)→ KM3 线圈(14-6)→ 6(线号)。

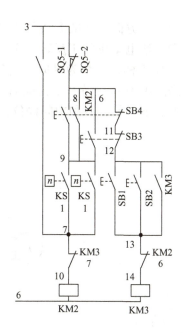

图 6-7 主轴电动机控制电路

加工结束时,需按下停止按钮 SB3 或 SB4,接触器 KM3 线圈断电,但此时速度继电器 KS 的正向触头(9-7)或反向触头(9-7)总有一个闭合,制动接触器 KM2 线圈立即通电,KM2 的 3 对主触头闭合,电源接反相序,主轴电动机 M1 串入电阻 R 进行反接制动。

(2)主轴电动机的变速冲动控制 主轴变速可在主轴不动时进行,亦可在主轴工作时进行,利用变速手柄与限位开关 SQ5 的联动机构进行控制,控制电路如图 6-7 所示,其控制示意图如图 6-8 所示。

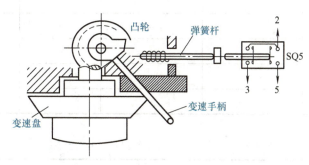

图 6-8 主轴电动机变速冲动控制示意图

变速时,先压下变速手柄,然后拉到前面,当快要落到第二道槽时,转动变速盘,选择需要的转速,此时凸轮压下弹簧杆,使主轴变速冲动行程开关 SQ5 的动断触头先断开,切断 KM3 线圈的电路,电动机 M1 断电;同时 SQ5 的动合触头接通后,KM2 线圈得电动作,M1 被反接制动,当手柄拉到第二道槽时,SQ5 不受凸轮控制而复位,M1 停转。接着把手柄从第二道槽推回原始位置,凸轮又瞬时压动行程开关 SQ5,使 M1 反向瞬时冲动一下,以利于变速后的齿轮啮合。

3. 进给电动机控制电路

由图 6-5 可以看出,工作台移动控制电源的一端(线号 13)串入 KM3 的自锁触头(12-13),从而保证只有主轴旋转后工作台才能进给的顺序控制要求。

铣床的进给运动是工作台纵向、横向和垂直三种运动形式、六个方向的直线运动,由一台进给电动机拖动。铣床实现上述六个方向运动的方法是通过操作选择运动方向的手柄与开关，配合电磁离合器的传动装置和进给电动机的正反转来实现进给运动。工作台移动方向由各自的操作手柄来选择，有两个操作手柄，一个为纵向（左右）操作手柄，有左、中、右三个位置，其动作关系对照简图如图6-9所示；另一个为横向（前后）和垂直（上下）十字操作手柄，该手柄有五个位置，即上、下、前、后和中间停位，其动作关系对照简图如图6-10所示。

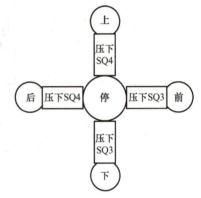

图6-9 纵向操作手柄动作关系对照简图　　　图6-10 十字操作手柄动作关系对照简图

当扳动操作手柄时，通过联动机构，将控制运动方向的机械离合器合上，同时压下相应的行程开关。其各个位置与行程开关的对应工作状态见表6-6和表6-7。

表6-6 工作台纵向行程开关工作状态表

触头	纵向手柄			备注
	向左	中间（停）	向右	
SQ1-1	-	-	+	
SQ1-2	+	+	-	"+"开关闭合
SQ2-1	+	-	-	"-"开关断开
SQ2-2	-	+	+	

表6-7 工作台升降、横向行程开关工作状态表

触头	升降、横向手柄			备注
	向前 向下	中间（停）	向右 向上	
SQ3-1	-	-	+	
SQ3-2	+	+	-	"+"开关闭合
SQ4-1	+	-	-	"-"开关断开
SQ4-2	-	+	+	

图6-11为铣床进给电动机控制原理图，SA1为长工作台和圆工作台操作状态选择开关，其工作状态见表6-8。当使用圆工作台时，SA1-2（17-21）闭合，不使用圆工作台而使用普通工作台时，SA1-1（16-18）和SA1-3（13-21）均闭合。

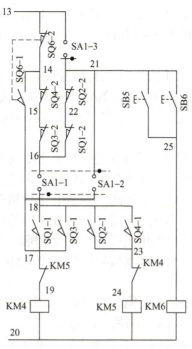

图 6-11 铣床进给电动机控制原理图

表 6-8 圆工作台选择开关 SA1 工作状态表

触头	位置		备注
	接通圆工作台	断开圆工作台	
SA1-1	-	+	"+"表示闭合 "-"表示断开
SA1-2	+	-	
SA1-3	-	+	

（1）工作台纵向（左右）进给控制 此时 SA1 置于使用普通工作台位置，而十字手柄必须置于中间停位。若要工作台向右进给，则需将纵向操作手柄扳向右。

$$纵向手柄扳向右 \rightarrow \begin{cases} 合上纵向进给机械离合器 \\ 压下SQ1 \begin{pmatrix} SQ1\text{-}1闭合 \\ SQ1\text{-}2断开 \end{pmatrix} \rightarrow KM4线圈得电 \rightarrow M2正转 \rightarrow 工作台右移 \end{cases}$$

KM4 通电的电流通路（图 6-11）为：13（线号）→ SQ6-2（13-14）→ SQ4-2（14-15）→ SQ3-2（15-16）→ SA1-1（16-18）→ SQ1-1（18-17）→ KM5 动断互锁触头（17-19）→ KM4 线圈（19-20）→ 20（线号）。

当将纵向操作手柄扳回中间位置时，SQ1 不受压，工作台停止向右进给运动。工作台移动到终点，终点挡铁撞击手柄的凸起部分可使其返回中间位置，实现终点停车，限位保护。

（2）工作台前后和上下进给控制 十字手柄向下和向前压下位置开关 SQ3，向上和向后压下位置开关 SQ4。

$$十字手柄扳向上 \rightarrow \begin{cases} 合上垂直进给的机械离合器 \\ 压下SQ4 \begin{pmatrix} SQ4\text{-}1闭合 \\ SQ4\text{-}2断开 \end{pmatrix} \rightarrow KM5线圈得电 \rightarrow M2反转 \rightarrow 工作台向上运动 \end{cases}$$

KM5 通电的电流通路（图 6-11）为：13（线号）→ SA1-3（13-21）→ SQ2-2（21-22）→ SQ1-2（22-16）→ SA1-1（16-18）→ SQ4-1（18-23）→ KM4 常闭互锁触头（23-24）→ KM5 线圈（24-20）→ 20（线号）。

安放在床身上的限位挡铁，能使十字手柄自动返回零位，实现横向、垂直的终点停车。

互锁：长工作台的垂直和横向运动中，SA1、SQ1-2、SQ2-2 动断触头的闭合条件为要求纵向手柄在零位及 SA1 选择长工作台，否则横向和垂直运动无法进行。

（3）工作台快速移动控制

1）主轴工作时的快速移动控制。当主轴电动机和进给电动机都在工作时，需要工作台快速移动，需按下面操作步骤进行：按下 SB5（或 SB6）→ KM6 线圈得电 → KM6 的主触头闭合 → 电磁铁 YA 通电，接上快速离合器 → 工作台快速向操作手柄预选的方向移动。

2）主轴不工作时的快速移动控制。工作台也可在主轴不转时进行快速移动，这时可将主轴电动机 M1 的换向开关 SA2 扳在停止位置，然后扳动所选方向的进给手柄，按下主轴起动按钮和工作台快速移动按钮，使接触器 KM4 或 KM5 及 KM6 线圈通电，工作台可沿选定方向快速移动。

（4）工作台各运动方向的联锁　在同一时间内，工作台只允许向一个方向移动，各运动方向之间的联锁是利用机械和电气两种方法来实现的。

工作台的向右、向左控制是受同一手柄操作的，手柄本身带动行程开关 SQ1 和 SQ2 起到左右移动的联锁作用，见表 6-6 中 SQ1-1 和 SQ2-2 的工作状态。同理，工作台的前后和上下四个方向的联锁，是通过十字手柄本身来实现的，见表 6-7 中行程开关 SQ3 和 SQ4 的工作状态。

工作台的纵向移动同横向及垂直移动之间的联锁是利用电气方法来实现的。由纵向操作手柄控制的 SQ1-2、SQ2-2 和横向、垂直进给操作手柄控制的 SQ3-2、SQ4-2 两个并联支路控制接触器 KM4 和 KM5 的线圈，若两个手柄都扳动，则把这两个支路都断开，使 KM4 或 KM5 都不能工作，达到联锁的目的，防止两个手柄同时操作而损坏机床。

（5）工作台进给变速冲动控制　与主轴变速冲动类似，为了使工作台变速时齿轮易于啮合，控制电路中设置了工作台瞬时冲动控制环节。在进给变速冲动时要求工作台停止移动进行，所有手柄置中间位置。

进给变速操作过程：进给变速手柄外拉 → 对准需要速度，将手柄拉到极限 → 压动限位开关 SQ6 → KM4 线圈得电 → 进给电动机 M2 正转，便于齿轮啮合。

KM4 通电的电流通路（图 6-11）为：13（线号）SA1-3（13-21）→ SQ2-2（21-22）→ SQ1-2（22-16）→ SQ3-2（16-15）→ SQ4-2（15-14）→ SQ6-1（14-17）→ KM5 常闭互锁触头（17-19）→ KM4 线圈（19-20）—20（线号）。

进给变速手柄推回原位，完成进给变速。

由上可见，左右操作手柄和十字操作手柄中只要有一个不在中间停止位置，此电流通路便被切断。但是，在这种工作台朝某一方向运动的情况下进行变速操作，由于没有使进给电动机 M2 停转的电气措施，因而在转动手轮改变齿轮传动比时可能会损坏齿轮，故这种误操作必须严格禁止。

（6）圆工作台进给控制　在使用圆工作台时，工作台纵向及十字操作手柄都应置于中间停止位置，且应将圆工作台转换开关 SA1 置于圆工作台"接通"位置。

按下 SB1(或 SB2) → KM3 线圈得电 ┬→ 主轴电动机 M1 转动
　　　　　　　　　　　　　　　　　 └→ KM4 线圈得电 → 进给电动机 M2 正转 → 圆工作台回转

KM4 的得电电流通路（图 6-11）为：13（线号）→ SQ6-2（13-14）→ SQ4-2（14-15）→ SQ3-2（15-16）→ SQ1-2（16-22）→ SQ2-2（22-21）→ SA1-2（21-17）→ KM5 动断互锁触头（17-19）→ KM4 线圈（19-20）→ 20（线号）。

此时电动机 M2 正转并带动圆工作台单向旋转。由于圆工作台的控制电路串联了 SQ1~SQ4 的动断触头，所以扳动工作台任一方向的进给手柄都将使圆工作台停止转动，这样就实现了工作台转动与普通工作台三个方向移动的联锁保护。

4. 冷却泵电动机的控制

由转换开关 SA3 控制接触器 KM1 来控制冷却泵电动机 M3 的起动和停止。

5. 辅助电路及保护环节

机床的局部照明由照明变压器 TC 供给 36V 安全电压，转换开关 SA4（31-32）控制照明灯 EL，熔断器 FU4 用作照明电路的短路保护。各控制器的控制电压为 127V，由控制变压器 TC 提供。

▶▶ 任务实施

1. X62W 型万能铣床常见故障分析

（1）主轴电动机 M1 不能起动

1）接触器 KM3 吸合但电动机不转。如果接触器 KM3 吸合但电动机不转，则故障原因在主电路中（图 6-5），可能的原因：

① 主电路电源缺相。

② 主电路中 FU1、KM3 主触头、SA2 触头、FR1 热元件有任意一个接触不良或回路断路。

2）接触器 KM3 不吸合。如果接触器 KM3 不吸合，则故障原因在控制电路中（图 6-5），可能的原因：

① 控制电路电源没电、电压不够或 FU3 熔断。

② SQ5-2、SB1、SB2、SB3、SB4、KM2 动断触头任意一个接触不良或者回路断路。

③ 热继电器 FR1 动作后没有复位导致其动断触头不能导通。

④ 接触器 KM3 线圈断路。

（2）工作台各个方向都不能进给

1）进给电动机控制的公共回路上有断路，如 13 号线或者 20 号线上有断路。

2）接触器 KM3 的辅助动合触头 KM3（12-13）接触不良。

3）热继电器 FR2 动作后没有复位。

（3）工作台能够向左、向右和向前、向下运动而不能向后、向上运动　由于工作台能左右运动，所以 SQ1、SQ2 没有故障，由于工作台能够向前、向下运动，所以 SQ3 没有故障，故障的可能原因是 SQ4 行程开关的动合触头 SQ4-1 接触不良。

（4）圆工作台不动作，其他进给都正常　由于其他进给都正常，则说明 SQ6-2、SQ4-2、SQ3-2、SQ1-2、SQ2-2 触头及连线正常，KM4 线圈线路正常，综合分析故障现象，故障范围在 SA1-2 触头及连线上。

（5）工作台不能快速移动　如果工作台能够正常进给，那么故障可能的原因是 SB5 或 SB6，KM6 主触头接触不良或线路上有断路，或者 YA 线圈损坏。

2. 基本任务

在 X62W 型卧式万能铣床电气线路中人为设置 1～2 个故障，让学生观察故障现象，分析可能的原因和故障范围，用万用表电阻法或电压法进行故障检查与排除。

安全操作提示：
1）检查电路正确无误后才能进行通电操作。
2）操作过程中严禁手握任何物品，严禁触摸除开关外的任何低压电器。
3）严格按照操作步骤操作，通电调试操作必须在教师的监督下进行，严禁违规操作。
4）训练项目必须在规定时间内完成，同时做到安全操作和文明生产。

任务评价

X62W 型卧式万能铣床任务评价表见表 6-9。

表 6-9　任务评价表

序号	评价内容	评价标准	配分	检查结果	评分
1	观察故障现象	有两个故障，观察不出故障现象，每个扣 10 分	20		
2	分析故障	分析和判断故障范围，每个故障占 20 分 故障分析故障范围判断不正确每次扣 10 分 范围判断过大或过小，每超过一个元器件或导线标号扣 5 分，20 分扣完为止	40		
3	排除故障	不能排除故障，每个扣 20 分	40		
4	安全操作 文明生产	不能正确使用仪表扣 10 分 拆卸无关的元器件、导线端子，每次扣 5 分 扩大故障范围，每个故障扣 5 分 违反电气安全操作规程，造成安全事故者酌情从严扣分 修复故障过程中超时，每超时 5min 扣 5 分	从得分中扣减		

任务 3　Z3040 型摇臂钻床的电气控制

学习任务单

"Z3040 型摇臂钻床的电气控制"学习任务单见表 6-10。

表 6-10　"Z3040 型摇臂钻床的电气控制"学习任务单

项目 6	典型机床的电气控制		学时	
任务 3	Z3040 型摇臂钻床的电气控制		学时	
任务描述	通过本任务学习 Z3040 型摇臂钻床的机械运动、电气控制电路、电气控制电路常见故障分析与排除			
任务流程	分析 Z3040 型摇臂钻床的机械运动→电气控制电路→进行常见故障分析与排除→验收评价			

任务引入

钻床是一种用途广泛的万能机床。钻床的结构型式很多，有立式钻床、卧式钻床、深孔钻床及台式钻床等。摇臂钻床是一种立式钻床，在钻床中具有一定代表性，主要用于对大型零件进行钻孔、扩孔、铰孔和攻螺纹等，适用于成批或单件生产的机械加工车间。

知识学习

一、Z3040型摇臂钻床的主要结构与运动形式

摇臂钻床的运动形式有主运动（主轴旋转）、进给运动（主轴纵向移动）、辅助运动（摇臂沿外立柱的垂直移动，主轴箱沿摇臂的径向移动，摇臂与外立柱一起相对于内立柱的回转运动）。Z3040型摇臂钻床的主要结构与运动示意图如图6-12所示。

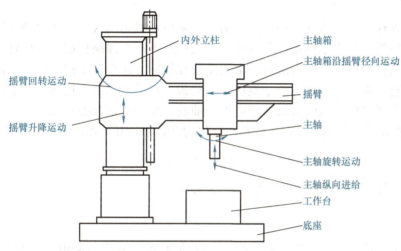

图6-12　Z3040型摇臂钻床的主要结构与运动示意图

Z3040型摇臂钻床具有两套液压控制系统，一套是操纵机构液压系统，一套是夹紧机构液压系统。前者安装在主轴箱内，用以实现主轴正反转、停车制动、空档、预选及变速；后者安装在摇臂背后的电器盒下部，用以夹紧或松开主轴箱、摇臂及立柱。

1. 操纵机构液压系统

该系统液压油由主轴电动机拖动齿轮泵送出。由主轴变速、正反转及空档操作手柄来改变两个操纵阀的相互位置，对液压油进行不同的分配，获得不同的动作。操作手柄有五个空间位置：上、下、内、外和中间位置。其中上为空档，下为变速，外为正转，内为反转，中间位置为停车。而主轴转速及主轴进给量各由一个旋钮预选，然后再操作手柄。

起动主轴时，首先按下主轴电动机起动按钮，主轴电动机起动旋转，拖动齿轮泵，送出液压油，然后操作手柄扳至所需转向位置，于是改变两个操纵阀的相互位置，使一股液压油将制动摩擦离合器松开，为主轴旋转创造条件；另一股液压油压紧正转（反转）摩擦离合器，接通主轴电动机到主轴的传动链，驱动主轴正转或反转。

主轴正转或反转过程中，也可旋转变速旋钮，改变主轴转速或主轴进给量。

主轴停车时，将操作手柄扳回到中间位置，这时主轴电动机仍拖动齿轮泵旋转，但整个液压系统为低压油，无法松开制动摩擦离合器，在制动弹簧作用下制动摩擦离合器压紧，使制动轴上的齿轮不能转动，实现主轴停车。所以主轴停车时主轴电动机仍然旋转，只是不能将动力传到主轴。

主轴变速与进给变速：将操作手柄扳至"变速"位置，于是改变两个操纵阀的相互位置，

使齿轮泵送出的液压油进入主轴转速预选阀和主轴进给量预选阀,然后进入各变速液压缸。各变速液压缸为差动液压缸,具体哪个液压缸上腔进油或回油,取决于所选定的主轴转速和进给量大小。与此同时,另一条油路系统推动拨叉缓慢移动,逐渐压紧主轴正转摩擦离合器,接通主轴电动机到主轴的传动链,使主轴缓慢转动,称为缓速。缓速的目的在于使滑移齿轮能比较顺利地进入啮合位置,避免出现齿顶齿现象。当变速完成,松开操作手柄,此时将在弹簧作用下由"变速"位置自动复位到主轴"停车"位置,这时便可操纵主轴正转或反转,主轴将在新的转速或进给量下工作。

主轴空档:将操作手柄扳向"空档"位置,这时由于两个操纵阀相互位置改变,液压油使主轴传动系统中滑移齿轮处于中间脱开位置。可用手轻便地转动主轴。

2. 夹紧机构液压系统

主轴箱、立柱和摇臂的夹紧与松开是由液压泵电动机拖动液压泵送出液压油,推动活塞和菱形块来实现的。其中主轴箱和立柱的夹紧或松开由一个油路控制,而摇臂的夹紧松开因与摇臂升降构成自动循环,所以由另一个油路单独控制。这两个油路均由电磁阀控制。欲夹紧或松开主轴箱及立柱时,首先起动液压泵电动机,拖动液压泵,送出液压油,在电磁阀控制下,使液压油经二位六通阀流入夹紧或松开油腔,推动活塞和菱形块实现夹紧或松开。由于液压泵电动机是点动控制,所以主轴箱和立柱的夹紧与松开是点动的。

二、Z3040型摇臂钻床的电气控制电路分析

Z3040型摇臂钻床电气控制电路如图6-13所示。

1. 主电路

Z3040型摇臂钻床有4台电动机,即主轴电动机M2、摇臂升降电动机M3、立柱夹紧与松开电动机M4及冷却泵电动机M1。

主轴电动机M2只能单方向运转,由接触器KM1控制。为满足攻螺纹工序,要求主轴电动机M2能实现正反转,其正反转功能是采用摩擦离合器来实现的。热继电器FR作为主轴电动机的过载保护继电器。

摇臂升降电动机M3的正反转由接触器KM2、KM3控制实现。而摇臂移动是短时的,故不设过载保护,但其与摇臂的放松与夹紧之间有一定的配合关系,由控制电路保证。

立柱夹紧与松开电动机M4由接触器KM4、KM5控制实现正反转。

冷却泵电动机M1由开关QS2根据需求控制其起动与停止。

2. 控制电路

控制电路中十字开关SA有4个位置,当操作手柄分别扳到这4个位置时,便相应压下后面的微动开关,其动合触头闭合而接通所需的电路。操作手柄每次只能扳在一个位置上,亦即4个位置只能有一个被压而接通,其余仍处于断开状态。当手柄处于中间位置时,微动开关4个位置都不受压,全部处于断开状态。图6-13中用小黑圆点分别表示十字开关SA的4个位置。

(1)主轴电动机M2的控制 将十字开关SA扳在左边的位置,这时SA仅有左面的触头闭合,使零压继电器KA的线圈得电吸合,KA的动断触头闭合自锁。再将十字开关SA扳到右边位置,仅使SA右面的触头闭合,接触器KM1的线圈得电吸合,KM1主触头闭合,主轴电动机M2通电运转。钻床主轴的转动方向由主轴箱上的摩擦离合器手柄所扳的位置决定。将十字开关SA的手柄扳回中间位置,触头全部断开,接触器KM1线圈失电释放,主轴停止转动。

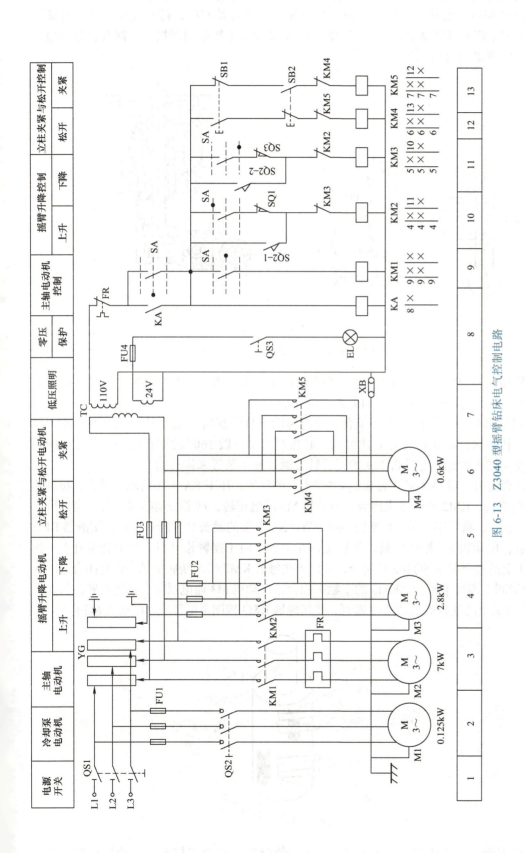

图 6-13 Z3040 型摇臂钻床电气控制电路

（2）摇臂升降电动机 M3 的控制　当钻头与工件的相对高低位置不适合时，可通过摇臂的升高或降低来调整，摇臂的升降是由电气和机械传动联合控制的，能自动完成从松开摇臂到摇臂上升（或下降）再夹紧摇臂的过程。Z3040 型摇臂钻床所采用的摇臂升降及夹紧的电气和机械传动的原理图如图 6-14 所示。

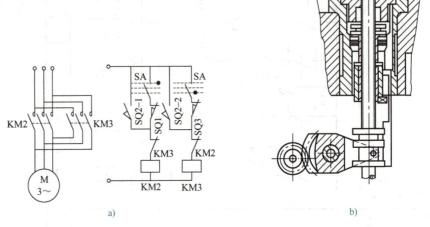

图 6-14　摇臂升降及夹紧的原理图

a）电气原理图　b）机械传动原理图

摇臂升降电动机能实现正反转控制，当摇臂上升（或下降）到达预定的位置时，摇臂能在电气和机械夹紧装置的控制下，自动夹紧在外立柱上。

摇臂的套筒部分与外立柱是滑动配合，通过传动丝杠，摇臂可沿着外立柱上下移动，但不能做相对回转运动，而摇臂与外立柱可以一起相对内立柱做 360° 的回转运动。外立柱的夹紧、放松是经立柱夹紧放松电动机 M4 的正反转并通过液压装置来进行的。

如果要摇臂上升，就将十字开关 SA 扳到"上"的位置，压下 SA 上面的动合触头，接触器 KM2 线圈得电吸合，KM2 的主触头闭合，电动机 M3 通电正转，逐渐带动摇臂上升。当摇臂上升到所需的位置时，将十字开关 SA 扳到中间位置，SA 上面的触头复位断开电路，接触器 KM2 线圈失电释放，电动机 M3 断电停转，摇臂也停止上升。由于摇臂松开时，鼓形转换开关（如图 6-15 所示）上的动合触头 SQ2-2 已闭合，所以当接触器 KM2 的动断联锁触头恢复闭合时，接触器 KM3 的线圈立即得电吸合，KM3 的主触头闭合，电动机 M3 通电反转，摇臂夹紧；与此同时，鼓形转换开关上的动合触头 SQ2-2 断开，使接触器 KM3 线圈失电释放，电动机 M3 停转。

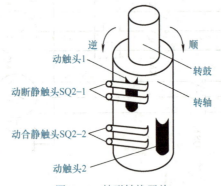

图 6-15　鼓形转换开关

要求摇臂下降，可将十字开关 SA 扳到"下"的位置，其动作与上升的动作相似。要求摇臂上升或下降时不致超出允许的终端极限位置，在摇臂上升或下降的控制电路中分别串入行程开关 SQ1 和 SQ3 作为终端保护。

（3）立柱的夹紧与松开电动机 M4 的控制　当需要摇臂绕内立柱转动时，应先按下按钮 SB1，使接触器 KM4 线圈得电吸合，电动机 M4 起动运转，并通过齿式离合器带动齿式液压泵旋转，送出高压油，经油路系统和机械传动机构将外立柱松开；然后松开按钮 SB1，接触器 KM4 线圈失电释放，电动机 M4 断电停转。此时可用人力推动摇臂和外立柱绕内立柱做所需的转动；当转到预定的位置时，再按下按钮 SB2，接触器 KM5 线圈得电吸合，KM5 主触头闭合，电动机 M4 起动反转，在液压系统的推动下，将外立柱夹紧；然后松开 SB2，接触器 KM5 线圈失电释放，电动机 M4 断电停转，整个摇臂放松，绕外立柱转动，夹紧过程结束。

线路中零压继电器 KA 的作用是当供电线路断电时，KA 线圈失电释放，KA 的动合触头断开，使整个控制电路断电；当电路恢复供电时，控制电路仍然断开，必须再次将十字开关 SA 扳至"左"的位置，使 KA 线圈重新得电，KA 动合触头闭合，然后才能操作控制电路，也就是说，零压保护继电器的动合触头起到接触器的自锁触头的作用。

（4）冷却泵电动机 M1 的控制　冷却泵电动机 M1 由转换开关 QS2 直接控制，供给钻削时所需的切削液。

（5）照明电路　变压器 TC 将 380V 电压降到 110V，供给控制电路，并输出 24V 电压供低压照明灯使用。

▶▶ 任务实施

一、Z3040 型摇臂钻床的电气控制电路常见故障分析

（1）所有电动机都不能起动

当发现该机床的所有电动机都不能正常起动时，一般可以断定故障发生在电气线路的公共部分。可按下述步骤来检查：

1）在电气箱内检查从汇流环 YG 引入电气箱的三相电源是否正常，如发现三相电源有缺相或其他故障现象，则应在立柱下端配电盘处，检查引入机床电源隔离开关 QS1 处的电源是否正常，并查看汇流环 YG 的接触触头是否良好。

2）检查熔断器 FU1 并确定 FU1 的熔体是否熔断。

3）控制变压器 TC 一次、二次绕组的电压是否正常，如一次绕组的电压不正常，则应检查变压器的接线是否松动；如果一次绕组两端的电压正常，而二次绕组电压不正常，则应检查变压器输出 110V 端绕组是否断路或短路，同时应检查熔断器 FU4 是否熔断。

4）如上述检查都正常，则可依次检查热继电器 FR 的动断触头、十字开关 SA 内的微动开关的动合触头及零压继电器 KA 线圈连接线的接触是否良好，有无断路故障等。

（2）主轴电动机 M2 的故障

1）主轴电动机 M2 不能起动：若接触器 KM1 已得电吸合，但主轴电动机 M2 仍不能起动旋转。可检查接触器 KM1 的 3 个主触头接触是否正常，连接电动机的导线是否脱落或松动。若接触器 KM1 不动作，则首先检查熔断器 FU2 和 FU4 的熔体是否熔断，然后检查热继电器 FR 是否已动作，其动断触头的接触是否良好，十字开关 SA 的触头接触是否良好，接触器 KM1 的线圈接线头是否松脱；有时由于供电电压过低，使零压继电器 KA 或接触器 KM1 不能吸合。

2）主轴电动机 M2 不能停转：当把十字开关 SA 扳到中间"停止"位置时，主轴电动机 M2 仍不能停转，这种故障多数是接触器 KM1 的主触头发生熔焊所造成的。这时应立即断开电源隔离开关 QS1，才能使电动机 M2 停转，已熔焊的主触头要更换；同时必须找出

发生触头熔焊的原因，彻底排除故障后才能重新起动电动机 M2。

（3）摇臂升降运动的故障

Z3040 型摇臂钻床的升降运动是借助电气、机械传动的紧密配合来实现的。因此在检修时既要注意电气控制部分，又要注意机械部分的协调。

1）摇臂升降电动机 M3 某个方向不能起动：电动机 M3 只有一个方向能正常运转，这种故障一般是出在该故障方向的控制线路或供给电动机 M3 电源的接触器上。例如电动机 M3 带动摇臂上升方向有故障时，接触器 KM2 不吸合，此时可依次检查十字开关 SA 上面的触头、行程开关 SQ1 的动断触头、接触器 KM3 的动断联锁触头以及接触器 KM2 的线圈和连接导线等是否断路故障；如接触器 KM2 能动作吸合，则应检查其主触头的接触是否良好。

2）摇臂上升（或下降）夹紧后，电动机 M3 仍正反转重复不停：这种故障的原因是鼓形转换开关上 SQ2 的两个动合静触头的位置调整不当，使它们不能及时分断。鼓形转换开关的结构及工作原理如图 6-15 所示。图中动触头随转鼓一起转动，当摇臂不做升降运动时，要求动合静触头和动断静触头正好处于两个动触头之间的位置，使 SQ2-1 和 SQ2-2 都处于断开状态，如转轴受外力的作用使转鼓沿顺时针方向转过一个角度，则下面的一个动合静触头 SQ2-2 接通；若鼓形转换开关沿逆时针方向转过一个角度，则上面的一个动断静触头 SQ2-1 接通。由于两个动触头的相对位置决定了转动到两个动合静触头接通的角度值，所以鼓形转换开关 SQ2 的分断是使摇臂升降与松紧的关键，如果两个动触头的位置调整得太近，就会出现上述故障。当摇臂上升到预定位置时，将十字开关 SA 扳回中间位置，接触器 KM2 线圈就失电释放，由于 SQ2-2 在摇臂松开时已接通，故接触器 KM3 线圈得电吸合，电动机 M3 反转，通过夹紧机构把摇臂夹紧，鼓形转换开关逆时针旋转一个角度，使 SQ2-2 离开动触头 2 处于断开状态，而电动机 M3 及机械部分装置因惯性仍在继续转动，此时由于两个动触头调整得太近，鼓形转换开关转过中间的切断位置，使动触头又同 SQ2-1 接通，导致接触器 KM2 再次得电吸合，使电动机 M3 又正转起动；如此循环，造成电动机 M3 正反转重复运转，使摇臂夹紧和放松动作也重复不停。

3）摇臂升降后不能充分夹紧：原因之一是鼓形转换开关上压紧动触头的螺钉松动，造成两个动触头的位置偏移。在正常情况下，当摇臂放松后，上升到所需的位置，将十字开关 SA 扳到中间位置时，SQ2-2 应早已接通，使接触器 KM3 得电吸合，使摇臂夹紧。现因动触头 1 位置偏移，使 SQ2-2 未按规定位置闭合，造成 KM3 不能按时动作，电动机 M3 也就不起动反转进行夹紧，故摇臂仍处于放松状态。

若摇臂上升完毕没有夹紧作用，而下降完毕却有夹紧作用，这是由于动触头 1 和静触头 SQ2-2 的故障。反之是动触头 1 和动断触头 SQ2-1 的故障。另外鼓形转换开关上的动静触头发生弯扭、磨损、接触不良或两个动合静触头过早分断，也会使摇臂不能充分夹紧。另一个原因是当鼓形转换开关和连同它的传动齿轮在检修安装时，没有注意到鼓形转换开关上的两个触头的原始位置与夹紧装置的协调配合，就起不到夹紧作用。摇臂若不完全夹紧，会造成钻削的工件精度达不到规定。

4）摇臂上升（或下降）后不能按需要停止：这种故障也是鼓形转换开关的动触头 1 或 4 的位置调整不当而造成的。例如当把十字开关 SA 扳到上面位置时，接触器 KM2 得电，电动机 M3 起动正转，摇臂的夹紧装置放松，摇臂上升，这时 SQ2-1 应该接通，但鼓形转换开关的起始位置未调整好，反而将 SQ2-1 接通，结果当把十字开关 SA 扳到中间位置时，不能切断接触器 KM2 线圈电路，上升运动就不能停止，甚至上升到极限位置，终端位置按钮 SB1 也不能将该电路切断。发生这种故障是很危险的，可能引起机床运动部件与已装夹的工件相撞，此时必须立即切断电源总开关 QS1，使摇臂的上升移动立即停止。

由此可见，检修时在对机械部分调整好之后，必须对行程开关间的位置进行仔细的调整和检查。检修中还要注意三相电源的进线相序应符合升降运动的规定,不可接反,否则会发生上升和下降方向颠倒、电动机开停失灵、限位开关不起作用等故障现象。

（4）立柱夹紧与松开电路的故障

1）立柱松紧电动机 M4 不能起动：这主要是按钮 SB1 或 SB2 触头接触不良，或是接触器 KM4 或 KM5 的联锁动断触头及主触头的接触不良所致。可根据故障现象，判断和检查故障原因，予以排除。

2）立柱在放松或夹紧后不能切除电动机 M4 的电源：该故障大都是接触器 KM4 或 KM5 的主触头发生熔焊所造成的，应及时切断总电源，并予以更换，以防止电动机因过载而烧毁。

二、排除故障训练

在 Z3040 型摇臂钻床电气线路中合理设置 3 个故障，让学生观察故障现象，并针对故障现象分析原因和故障范围，用万用表检测并排除故障。

1. 故障现象

针对下列故障现象分析故障范围，编写检修流程，按照检修步骤排除故障。

1）接触器 KM1 线圈得电主轴不能起动。
2）接触器 KM2 线圈得电摇臂不能上升。
3）按下 SB2 立柱不能夹紧。

2. 检修步骤及工艺要求

1）在教师指导下对钻床进行操作，熟悉钻床各元器件的位置、电路走向。
2）观察、理解教师示范的检修流程。
3）在 Z3040 型摇臂钻床上人为设置自然故障。

3. 故障的设置注意事项

1）人为设置的故障必须是钻床在工作中由于受外界因素影响而造成的自然故障。
2）不能设置更改电路或更换元器件等非自然故障。
3）设置故障不能损坏电路元器件，不能破坏电路美观；不能设置易造成人身事故的故障；尽量不设置易引起设备事故的故障。

▶▶ 任务评价

Z3040 型摇臂钻床排除故障任务评价表见表 6-11。

表 6-11　任务评价表

序号	评价内容	评价标准	配分	检查结果	评分
1	观察故障现象	有 3 个故障。观察不出故障现象，每个扣 10 分	30		
2	分析故障	分析和判断故障范围，每个故障占 10 分。故障分析及故障范围判断不正确每次扣 10 分；范围判断过大或过小，每超过一个元器件或导线标号扣 5 分，扣完 40 分为止	40		
3	排除故障	不能排除故障，每个扣 10 分	30		
4	安全操作文明生产	不能正确使用仪表扣 10 分 拆卸无关的元器件、导线端子，每次扣 5 分 扩大故障范围，每个故障扣 5 分 违反电气安全操作规程，造成安全事故者酌情扣分 修复故障过程中超时，每超时 5min 扣 5 分	从得分中扣减		

阅读与应用二　常用机床电气控制线路故障检修方法

1. 如何阅读机床电气原理图

掌握阅读机床电气原理图的方法和技巧，对于分析电气电路、排除机床电路故障是十分有意义的。机床电气原理图一般由主电路、控制电路、照明电路和指示电路等几部分组成。阅读方法如下：

1）主电路的分析。阅读主电路时，关键是先了解主电路中有哪些用电设备及它们所起的主要作用，由哪些电器来控制，采取哪些保护措施。

2）控制电路的分析。阅读控制电路时，根据主电路中接触器的主触点编号，很快找到相应的线圈以及控制电路，依次分析出电路的控制功能。从简单到复杂，从局部到整体，最后综合起来分析，就可以全面读懂控制电路。

3）照明电路的分析。阅读照明电路时，查看变压器的电压比及照明灯的额定电压。

4）指示电路的分析。阅读指示电路时，了解这部分的内容，很重要的一点是当电路正常工作时，该电路是机床正常工作状态的指示；当机床出现故障时，该电路是机床故障信息反馈的依据。

2. 机床电气线路故障的检查步骤

（1）修理前的调查研究

1）问。询问机床操作人员故障发生前后的情况如何，有利于根据电气设备的工作原理来判断发生故障的部位，分析出故障的原因。

2）看。观察熔断器内的熔体是否熔断；其他电气元器件是否有烧毁、发热和断线情况；导线连接螺钉是否松动；触点是否氧化、积尘等。要特别注意高电压、大电流的地方，动作频繁的部位，容易受潮的接插件等。

3）听。电动机、变压器和接触器等正常运行时的声音和发生故障时的声音是有区别的。听声音是否正常，可以帮助寻找故障的范围和部位。

4）摸。电动机、电磁线圈和变压器等发生故障时，温度会显著上升，可切断电源后用手去触摸，判断元器件是否正常。要特别注意：不论电路通电还是断电，都不能用手直接去触摸金属触点！必须借助仪表来测量。

（2）从机床电气原理图进行分析　首先熟悉机床的电气电路，结合故障现象，对电路工作原理进行分析，便可以迅速判断出可能发生故障的范围。

（3）检查方法　根据故障现象分析，先弄清属于主电路的故障还是控制电路的故障，属于电动机的故障还是控制设备的故障。当确认故障以后，应该进一步检查电动机或控制设备。必要时可采用替代法，即用好的电动机或用电设备来替代故障设备。属于控制电路的，应该先进行一般的外观检查，检查控制电路的相关电气元器件。如接触器、继电器和熔断器等有无裂痕、烧痕、接线脱落和熔体熔断等，同时用万用表检查线圈有无断线、烧毁，触点是否熔焊。

外观检查找不到故障时，将电动机从电路中卸下，对电路逐步检查。可以进行通电吸合试验，观察机床电气元器件是否按要求顺序动作。若发现某部分动作有问题，就在该部分找故障点，逐步缩小故障范围，直到排除全部故障为止，决不能留下隐患。

有些电气元器件的动作是由机械配合或靠液压推动的，应会同机修人员进行检查处理。

（4）无电气原理图时的检查方法　首先，查清不动作的电动机的工作电路。在不通电的情况下，以该电动机的接线盒为起点开始查找，顺着电源线找到相应的控制接触器。然后，以此接触器为核心，一路从主触点开始，继续查到三相电源，查清主电路；一路从接触器线圈的两个接线端子开始向外延伸，弄清电路的来龙去脉。必要的时候，边查找边画出草图。若需拆卸，则要记录拆卸的顺序、电器的结构等，再采取排除故障的措施。

（5）在检修机床电气线路故障时应注意的问题

1）检修前应将机床清理干净。

2）将机床电源断开。

3）电动机不能转动，要从电动机有无通电、控制电动机的接触器是否吸合入手，决不能立即拆修电动机。通电检查时，一定要先排除短路故障，在确认无短路故障后方可通电，否则，会造成更大的事故。

4）当需要更换熔断器的熔体时，新熔体必须与原熔体型号相同，不得随意扩大容量，以免造成意外的事故或留下更大的后患。熔体熔断，说明电路存在较大的冲击电流，如短路、严重过载和电压波动很大等。

5）热继电器的动作、烧毁，也要求先查明过载原因，否则，故障还是会重现。修复后一定要按技术要求重新整定保护值，并进行可靠性试验，避免失控。

6）用万用表电阻档测量触点、导线通断时，将量程置于 R×1 档。

7）如果要用绝缘电阻表检测电路的绝缘电阻，则应断开被测支路与其他支路的联系，避免影响测量结果。

8）在拆卸元器件及端子连线时，对不熟悉的机床一定要仔细观察，理清控制电路，千万不能蛮干。要及时做好记录、标号，以便复原，避免在安装时发生错误。螺钉、垫片等放在盒子里，被拆下的线头要做好绝缘包扎，以免造成人为事故。

9）试车前先检测电路是否存在短路现象。在正常情况下进行试车，注意人身及设备安全。

10）机床故障排除后，要恢复原状。

参 考 文 献

[1] 许翏. 电机与电气控制技术 [M]. 3 版. 北京：机械工业出版社，2015.
[2] 赵红顺. 电气控制技术实训 [M]. 2 版. 北京：机械工业出版社，2019.
[3] 唐惠龙，牟宏钧. 电机与电气控制技术项目式教程 [M]. 北京：机械工业出版社，2012.
[4] 王烈准. 电气控制与 PLC 应用技术项目式教程：三菱 FX_{3U} 系列 [M]. 2 版. 北京：机械工业出版社，2019.
[5] 李德英. 电气控制与 PLC[M]. 上海：同济大学出版社，2010.
[6] 姚锦卫，甄玉杰. 电气控制技术项目教程 [M]. 4 版. 北京：机械工业出版社，2022.
[7] 田淑珍. 电机与电气控制技术 [M]. 3 版. 北京：机械工业出版社，2021.
[8] 赵勇，胡建平. 电机与电气控制技术 [M]. 成都：西南交通大学出版社，2017.
[9] 何永艳，王锁庭. 电机与电气控制案例教程 [M]. 北京：化学工业出版社，2009.